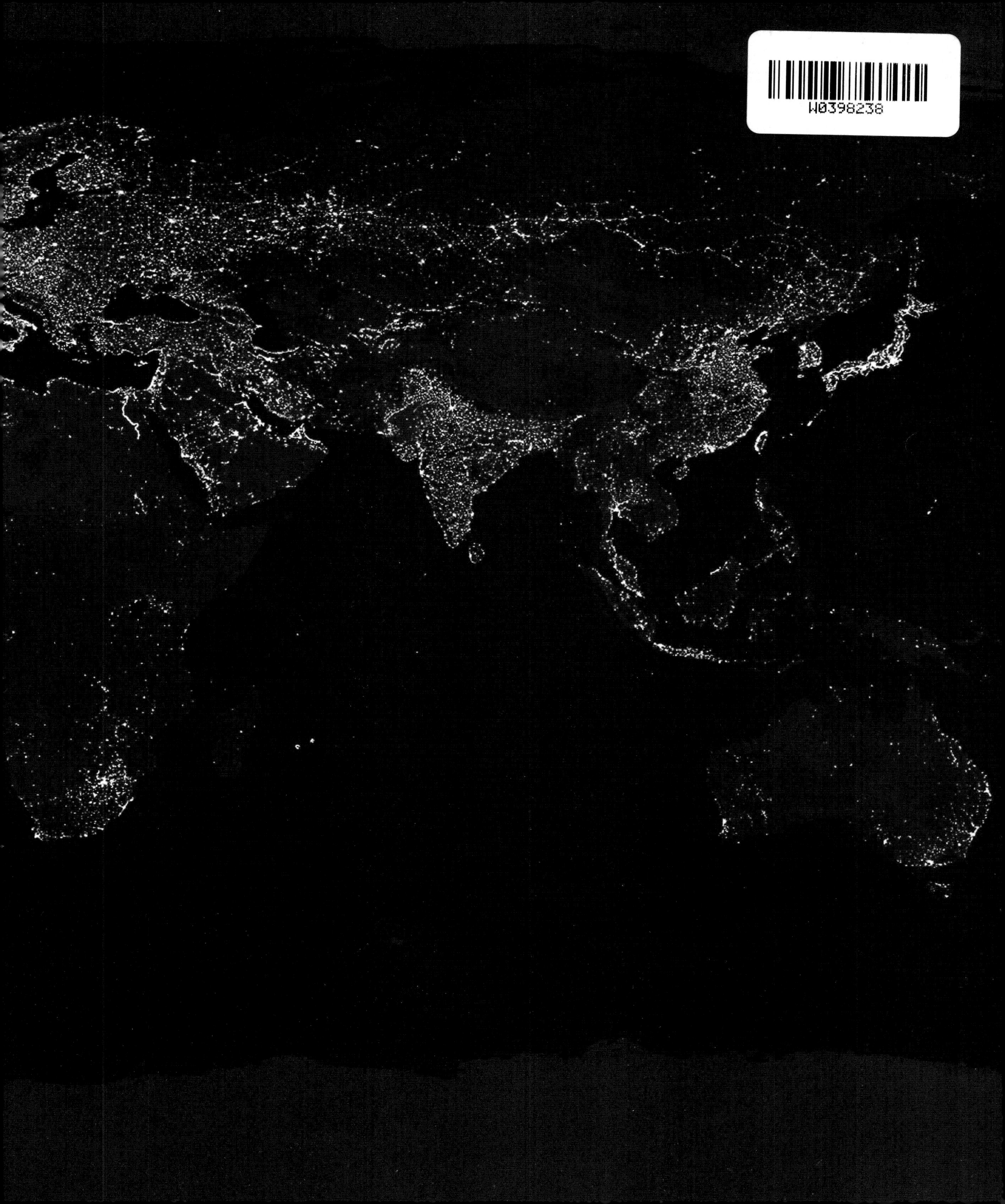

Das Ende der Nacht

Herausgegeben von
Thomas Posch,
Anja Freyhoff und
Thomas Uhlmann

Beachten Sie bitte auch weitere interessante Titel zu diesem Thema

Schilling, G., Christensen, L. L.
Unser Fenster zum Weltraum
400 Jahre Entdeckungen mit Teleskopen
2009
ISBN: 978-3-527-40867-2

Christensen, L. L., Fosbury, R., Hurt, R. L.
Verborgenes Universum
2009
ISBN: 978-3-527-40868-9

Bührke, T., Wengenmayr, R. (Hrsg.)
Geheimnisvoller Kosmos
Astrophysik und Kosmologie im 21. Jahrhundert
2009
ISBN: 978-3-527-40899-3

Lingenhöhl, D.
Vogelwelt im Wandel
Trends und Perspektiven
2010
ISBN: 978-3-527-32712-6

DAS ENDE DER NACHT

Die globale Lichtverschmutzung und ihre Folgen

Herausgegeben von
Thomas Posch, Anja Freyhoff und Thomas Uhlmann

WILEY-VCH

WILEY-VCH Verlag GmbH & Co. KGaA

Herausgeber
Dr. Thomas Posch
Universität Wien
Institut für Astronomie
Türkenschanzstr. 17
1180 Wien
Österreich

Anja Freyhoff und Thomas Uhlmann
Uhlmann & Freyhoff GbR
Olympische Str. 10
14052 Berlin
Deutschland

Titelbild
Abbildung: Planetary Visions Ltd.
Design und Layout: Bluesea Design

Die Entstehung dieses Buches wurde durch die finanzielle Unterstützung des Bundesministeriums für Wissenschaft und Forschung (BMWF) in Wien im Rahmen des Projekts „Internationales Astronomiejahr 2009" mit ermöglicht.

1. Auflage 2010

Bibliografische Information der Deutschen Nationalbibliothek
Die Deutsche Nationalbibliothek verzeichnet diese Publikation in der Deutschen Nationalbibliografie; detaillierte bibliografische Daten sind im Internet über <http://dnb.d-nb.de> abrufbar.

Printed in the Federal Republic of Germany

Gedruckt auf säurefreiem Papier.

Satz TypoDesign Hecker GmbH, Leimen
Druck betz-druck GmbH, Darmstadt
Bindung Litges & Dopf GmbH, Heppenheim

ISBN: 978-3-527-40946-4

INHALT

VORWORT

Ist von Umweltverschmutzung die Rede, so denkt man gewöhnlich an den Zustand von Wasser, Luft und Boden. Doch es gibt eine relativ neue, noch wenig bekannte und gefährliche Form der Kontaminierung unseres Lebensraums: *künstliches Licht.* Das mag zunächst überraschen, denn Licht steht seit der Erfindung der Glühbirne für Fortschritt und Wohlstand. Kunstlicht macht die Nacht zum Tag; es ermöglicht Arbeit und Freizeit rund um die Uhr. Ein Menschheitstraum scheint wahr geworden zu sein – unbegrenzte Produktivität, Vergnügen ohne Ende.

Doch wo Licht ist, gibt es – einem bekannten Sprichwort gemäß – auch Schatten. Künstliches Licht kann in der Tat gefährlich sein: Es ist mitverantwortlich für das massenhafte Sterben von Tieren und die Verarmung von Flora und Fauna. Der allgegenwärtigen Beleuchtung – überall und jederzeit – kann man sich kaum noch entziehen. Nacht für Nacht wird die Erde heller. Das Phänomen ist sogar vom Weltraum aus deutlich zu erkennen. Der gedankenlose Einsatz von immer mehr künstlichem Licht ist eine leise, schleichende Gefahr; ein Albtraum, der ausnahmsweise nicht im Dunkeln, sondern im Hellen lauert – Geistern gleich, die wir gerufen haben und die wir so schnell nicht mehr loswerden.

Für diese neue Form von Umweltverschmutzung hat sich der – allerdings missverständliche – Begriff „Lichtverschmutzung" eingebürgert. Gemeint ist damit die Aufhellung des Nachthimmels durch künstliche Leuchtquellen, deren Licht in der Atmosphäre gestreut wird. Es geht also nicht um eine Verschmutzung *des* Lichts, sondern um die Verschmutzung des natürlichen Verhältnisses von Hell und Dunkel *durch* Kunstlicht.

Lichtverschmutzung ist ein globales Problem. Zuerst haben das die Astronomen erkannt. Kein Wunder: Ihre Arbeit wird durch den ansteigenden Lichtsmog zunehmend erschwert, oft sogar unmöglich gemacht. Um Sterne und Galaxien zu beobachten, müssen sie sich in

immer entlegenere Gebiete oder in den Weltraum zurückziehen.

Aber auch unser aller Lebensraum ist kontaminiert – mit Licht. Überall ist Licht, zu jeder Zeit. Die Erde wird von Nacht zu Nacht mehr verstrahlt – mit falschem Licht zur falschen Zeit, am falschen Ort. Es ist also höchste Zeit umzudenken – solange der Sonnenaufgang noch nicht aus der Steckdose kommt.

Wir machen uns in diesem Buch auf in die Finsternis, begeben uns auf die Suche nach der *dunklen Seite des Lichts*: Von Mitteleuropa über die Kanarischen Inseln und Chile nach Helgoland, weiter nach Florida, schließlich zurück in die Schweiz und durch die schlaflosen Metropolen der Non-Stop-Gesellschaft. Zu Wort kommen Astronomen und Meeresbiologen, Ornithologen, Schlafforscher und Insektenkundler. Wir sehen Sterne und Sternwarten, betrachten das unbekannte Nachtleben von Vögeln und Schildkröten, verschließen die Augen aber auch nicht vor einem Massaker, das Nacht für Nacht vor unserer Haustür stattfindet: das millionenfache Sterben von Insekten. Und wir wenden uns den ernsten Gefahren zu, die übermäßiges Kunstlicht für den Menschen mit sich bringt.

Über Millionen von Jahren haben sich Mensch und Tier an den Wechsel von Tag und Nacht optimal angepasst – ein Leben im Rhythmus der Erdrotation. Vor mehr als hundert Jahren hat der Mensch seine Welt mit elektrischem Licht aus dem Takt gebracht. Und in kürzester Zeit musste er sich an völlig neue Lebensbedingungen gewöhnen. Eine junge Disziplin erforscht die Phänomene rund um die innere Uhr des Menschen: die *Chronobiologie*. Kritisch betrachten Wissenschaftler die gesellschaftlichen und biologischen Auswirkungen von künstlichem Licht auf den Menschen. Es hat unser Leben revolutioniert. Vor nicht allzu langer Zeit gingen die Menschen bald nach Sonnenuntergang schlafen. Nun können wir selbst entscheiden, wann für uns Tag ist. Doch Eines verlieren wir dabei aus den Augen: Für uns Menschen ist Dunkelheit notwendig, um Melatonin zu produzieren, welches schlaffördernd ist und das Wachstum bestimmter Krebsarten unterdrückt. Die Folge des Verlusts der Dunkelheit können Krankheiten und eine Zunahme von Stress sein. Menschliches Versagen häuft sich, die Hormone spielen verrückt.

Die Lichterflut hat auch weitreichende ökologische Konsequenzen. Lampen, besonders solche mit hohem UV-Anteil, ziehen *Nachtfalter* an, die zu Millionen verenden. Viele nachtaktive Insektenarten drohen auszusterben, weil sie auf Kunstlicht fliegen. Massenhaft flattern sie um Straßenlaternen und andere künstliche Lichtquellen. Viele Insekten verhungern oder verbrennen dadurch. Pro Jahr sterben rund 150 Milliarden Nachtschwärmer alleine in Deutschland. Doch sie gehören zur Nahrungskette, ohne sie können Vögel und Kleintiere nicht überleben. Außerdem sind Insekten neben dem Wind die wichtigsten Pollen-Überträger in Natur und Landwirtschaft. Dreiviertel aller Blütenpflanzen sind auf sie zur Bestäubung angewiesen. Die Zahl der Insekten nimmt dramatisch ab: 1950 flatterten noch 50.000 Nachtfalter um eine Leuchte. Im Jahr 1997 waren es gerade einmal 23 Insekten pro Nacht und Leuchte, so die Zahlen eines Forschers und Mitautors dieses Buchs.

Kunstlicht stellt auch eine tödliche Gefahr für *Vögel* dar, die auf der Suche nach Winter- und Sommerquartieren die Welt bereisen. Die meisten Vogelarten wandern nachts, weil sie den Tag brauchen, um sich für den Weiterflug zu stärken. In der Nacht ist der Sternenhimmel ihr Kompass. Doch sie werden durch künstlich beleuchtete Strukturen irritiert und von ihrer Flugbahn abgelenkt. Sie fliegen mit großer Wucht gegen Lampen, Brücken, Skilifte, Hochhausfassaden und Reklamewände.

Selbst die ältesten Spezies der Erde sind betroffen. *Schildkröten* haben die Dinosaurier und alle natürlichen Feinde überlebt. Nun sind manche Arten in Gefahr, durch die Schuld des Menschen auszusterben. Licht kann für sie den Tod bedeuten. Sie sterben nach kilometerweiten Märschen, werden überfahren, dehydrieren oder gehen vor Erschöpfung ein.

Mitteleuropa ist neben dem Osten der USA, Japan und den boomenden Großstädten Asiens ein Zentrum der weltweiten Lichtverschmutzung. Astronomen, Biologen, Ärzte, progressive Lichttechniker und Naturschützer vieler Länder haben sich bereits 1988 zur *International Dark Sky Association* zusammengeschlossen – einer Organisation mit weit mehr als 10.000 Mitgliedern. Auf dem ganzen Globus kämpfen sie für den Erhalt des Nachthimmels und der natürlichen Nachtlandschaft. Einzelne Staaten dämmen die Lichterflut durch Gesetze ein: Slowenien und einige europäische Regionen wie die Lombardei und die Kanarischen Inseln haben entsprechende Verordnungen verabschiedet. Auch in Deutschland gibt es dazu Petitionen und Diskussionen im Bundestag. Schon lange geht es bei all diesen politischen und legistischen Initiativen nicht mehr bloß um den freien Blick ins All. Worum es geht ist, das *Ende der Nacht* abzuwenden, und weshalb dies uns alle betrifft, erfahren Sie auf den nächsten Seiten.

Das vorliegende Buch ist – unter Hinzunahme einiger zusätzlicher Aspekte – aus der Fernsehdokumentation „Die dunkle Seite des Lichts“ entstanden, die das Thema Lichtverschmutzung mit den filmischen Mitteln beleuchtet. Diese Dokumentation wurde ab dem Jahr 2008 auf europäischen Fernsehkanälen wie ARTE und ZDF sowie auf vielen Festivals gezeigt. Die Bilder der nächtlichen Reise um die Welt gestaltete der Kameramann Erik Krambeck; einige Abbildungen im vorliegenden Buch beruhen darauf oder stammen direkt aus dem Film. Produziert wurde letzterer von Christian Popp von der Firma *interscience film*, die für herausragende Wissenschaftsdokumentationen steht.

Berlin und Wien, im Sommer 2009 *Thomas Posch, Anja Freyhoff und Thomas Uhlmann*

„Die Sonne lehrt alle Lebewesen die Sehnsucht nach dem Licht. Doch ist es die Nacht, die uns alle zu den Sternen erhebt.“
(Khalil Gibran)

1 LICHT IM WANDEL DER ZEITEN

von Thomas Posch

ABBILDUNG 1.1:
Unsere Sonne ist – in Verbindung mit der Erdrotation – die Ursache des 24-stündigen Tag-Nacht-Rhythmus.

1.1 Warum wird es nachts überhaupt dunkel?

Im Jahre 1610 gelangte Johannes Kepler zu einer erstaunlichen Erkenntnis: Er fand heraus, dass die – damals noch selbstverständliche – Dunkelheit des Nachthimmels nicht mit der Annahme eines unendlichen, gleichmäßig von Sternen erfüllten Kosmos vereinbar ist. Dem Weltbild Keplers kam diese Einsicht sehr entgegen, denn im Unterschied zu dem 1600 hingerichteten Giordano Bruno argumentierte der kaiserliche Astronom ohnehin für einen *endlichen* Kosmos.

Mehr als 200 Jahre später, in den 1820er Jahren, widmete sich der Arzt und Astronom Heinrich Wilhelm Olbers intensiver der scheinbar so trivialen Frage: Warum wird es nachts dunkel? Er arbeitete sie in einer systematischen Form auf, die heute als *Olbers' Paradoxon* bezeichnet wird. Dieses besteht in Folgendem: *Wenn* der Kosmos unendlich ausgedehnt wäre und das Licht der Sterne beliebig viel Zeit gehabt hätte, um zu uns zu gelangen, wenn darüber hinaus die Sterne seit jeher strahlten, *dann* – wäre jeder Punkt des Nachthimmels ebenso hell wie die Sonne, daher der Nachthimmel insgesamt taghell. Mathematisch ist der Beweis dieses Schlusses nicht schwer zu führen. Man muss nur berücksichtigen, dass die Intensität der Sternstrahlung (= die scheinbare Helligkeit eines Sterns) mit dem Quadrat seiner Entfernung *abnimmt*, während die Zahl der Sterne in konzentrischen Kugelschalen mit dem Quadrat der Entfernung *zunimmt* – jedenfalls dann, wenn der ganze Kosmos gleichmäßig mit Sternen erfüllt ist.

Wie kann man das Olberssche Paradoxon auflösen? Aus heutiger Sicht ist der Schluss auf einen *natürlicherweise* hellen Nachthimmel nur dann vermeidbar, wenn man die begrenzte Lebensdauer der Sterne berücksichtigt und – wie z.B. im Rahmen der Urknall-Theorie – von der räumlichen Unendlichkeit des Kosmos *ab*geht, d.h. unseren Kosmos als endlich erkennt.

Es ist höchst erstaunlich, wie wertvoll der einfache Befund, dass der Nachthimmel natürlicherweise dunkel ist, für unsere Sicht des Kosmos und für die wissenschaftliche Kosmologie ist. Das Olberssche Paradoxon ist nur eines von vielen Beispielen für buchstäblich „weltbewegende“ Erkenntnisse, welche die menschliche Kultur vielleicht niemals erlangt hätte, wenn wir mit dem Nachthimmel immer schon so sorglos umgegangen wären bzw. hätten umgehen können wie heute. Auch Tycho Brahe und der eingangs erwähnte Kepler hätten ihre berühmten Mars-Studien – die zur Begründung der modernen Himmelsmechanik führten – nicht durchführen können, wenn der Himmel über Prag um 1600 schon so stark erhellt gewesen wäre wie er es jetzt ist. Sie hätten wohl noch den Planeten Mars in seinem strahlenden rötlichen Glanz erblickt, doch viele der zur Positionsbestimmung nötigen „Bezugssterne“ hätten ihnen gefehlt, denn sie wären vom Himmelsleuchten selbst überstrahlt worden. Der griechische Philosoph Anaximander, der sagte, das Leben habe für ihn seinen Sinn in der Betrachtung des Kosmos und der in ihm waltenden Ordnung, hätte wohl gar sein Leben in einer Welt, die sich ihren Blick in die Tiefen des Kosmos selbst „zerstrahlt“, als sinnleer empfunden.

Doch wenn wir in diesem Buch das Ende des dunklen Sternhimmels, das „Ende der Nacht“, thematisieren, so ist der staunende und forschende *Blick des Menschen zu den Sternen* nur ein winzig kleiner Aspekt davon. Ein umfassenderer, die ganze irdische Natur betreffender Aspekt ist die drohende Zerstörung des Phänomens Nacht bzw. der natürlichen Dunkelheit überhaupt. Dies ist das Thema des nächsten Abschnitts.

1.2 Der natürliche Wechsel von Hell und Dunkel

Der Mensch lebt – wie alle Organismen, die wir bis jetzt kennen – in relativer Nähe zu einem nicht wegzudenkenden lichtspendenden Stern, unserer Sonne. Dennoch: Ebenso allgegenwärtig wie die von der Sonne herrührende Helle des Tageslichts ist dessen Abwesenheit: das Dunkel der Nacht. Der immer wiederkehrende Wechsel von hellem Tag und dunkler Nacht ist einer der grundlegendsten Rhythmen, die das irdische Leben prägen. Der 24-stündige Tag-Nacht-Rhythmus wird daher auch durch ein eigenes, vom Lateinischen abgeleitetes Wort bezeichnet, nämlich als „zirkadianer Rythmus" [1]. Diesen Rhythmus gibt es, seit die Erde rotiert, somit praktisch ebensolange wie unseren Planeten selbst. Als Zeitgeber für biologische Prozesse ist er so lange in Funktion wie es Leben auf der Erde gibt, mithin deutlich länger als drei Milliarden Jahre. Über diesen auch astronomisch langen Zeitraum hinweg hat sich zwar die Dauer der Erdrotation geändert (diese wird langfristig immer größer); doch für jede *einzelne* Generation von Lebewesen kann sie als eine Konstante betrachtet werden.

Von vielen frühen Hochkulturen wurde der Tag-Nacht-Rhythmus als etwas Göttliches, ja vielfach als ein Abbild der Ewigkeit angesehen. So unterschieden etwa die Ägypter zwei Arten von Ewigkeit, eine auf die Gestaltung der Welt bezogene und eine auf die Zeit-Struktur bezogene. Die letztere – mitunter auch *Heh*-Ewigkeit genannt – war durch die Aufeinanderfolge von Tagen und Nächten gegeben, die nicht nur als Naturereignis interpretiert wurde, sondern zugleich als ein beständiger Kampf zwischen göttlichen Mächten. Eine Zerstörung des Tag-Nacht-Rhythmus wäre aus der Perspektive der ägyptischen Religion ein Zurücksinken der Welt ins Chaos gewesen. Auch im Alten Testament werden Tag und Nacht als Produkte göttlicher Schöpfung dargestellt, und zwar als eine der ersten Schöpfungen des biblischen Gottes. Speziell das Licht des Tages wurde in der jüdisch-christlichen Tradition als ein Abbild Gottes angesehen. Der frühchristliche Philosoph Dionysius Areopagita schrieb im 4. Jahrhundert – beeinflusst vom Neuplatonismus –, das Licht stamme vom Guten. Das strahlende Abbild der göttlichen Güte, die „große, durch und durch lichte, immer flammende Sonne" gleiche einem Echo des Guten und trachte nach Erleuchtung aller Körper. Das Licht sei Maß und Zahl der Jahreszeiten, es sei das Maß der Tage und all unserer Zeit.

Die unersetzliche Bedeutung des Wechsels von Hell und Dunkel ist aber auch rein naturwissenschaftlich aufweisbar. Aus der Perspektive der Darwinschen Evolutionstheorie lässt sich sagen, dass fast alle Luft- und Landlebewesen seit langem an den zirkadianen Rhythmus angepasst sind. Wie vollkommen diese Anpassung ist, kann man unter anderem dann erkennen, wenn man die Helle des Tages und das Dunkel der Nacht zahlenmäßig ausdrückt und mit dem Seh- bzw. Adaptionsvermögen von Tieren und Menschen vergleicht.

Die physikalische Einheit der Beleuchtungsstärke im sichtbaren Spektralbereich heißt *Lux*, abgeleitet vom lateinischen Wort für Licht. An sonnigen Tagen können sich Werte der Beleuchtungsstärke von über 100.000 Lux einstellen. Für die Wahrnehmung von Beleuchtungsstärken wesentlich über 100.000 Lux ist das menschliche Auge nicht ausgelegt; an der Oberfläche des Planeten Merkur, wo Beleuchtungsstärken von bis zu 800.000 Lux auftreten können, wäre das ständige Tragen von starken Sonnenschutzgläsern unerlässlich. Die indirekte (im Schatten gemessene) Beleuchtungsstärke durch die Sonne überschreitet auf der Erde kaum 10.000 Lux. Zum Vergleich: Selbst für Präzisionsarbeiten werden (technisch erzeugte) Beleuchtungsstärken von „nur“ 1.000 bis 4.000 Lux, für gewöhnliche Schreibtischarbeiten gar nur 300 Lux empfohlen. Wo liegen aber die unteren Grenzen der Adaptionsbereiche menschlicher und tierischer Augen? Und wie dunkel wird es natürlicherweise in der Nacht?

Selbst bei hoch am klaren Himmel stehenden Vollmond steigt die *natürliche* nächtliche Beleuchtungsstärke kaum je über 0.25 Lux. Bei mittlerer Höhe des Vollmondes müssen Menschen und nächtlich jagende Tiere, die sich visuell orientieren, mit rund 1/10 Lux, bei *Halbmond* in mittlerer Höhe mit 1/100 Lux auskommen. Tun sie dies? Der Mensch kann sich bei Vollmond einwandfrei, bei Halbmond immer noch relativ gut in einer Landschaft fortbewegen und Hindernisse erkennen, solange seine Augen nicht geblendet werden. Was das Tierreich anlangt, so konnte erstaunlicherweise nachgewiesen werden, dass es Krötenarten wie etwa die Erdkröte (*Bufo bufo*) gibt, die sich noch bei 1/100.000 Lux visuell orientieren und gestützt auf ihren Gesichtssinn Beute fangen können [2]! Das bedeutet, dass diese Kröten gar nicht das Mondlicht, ja nicht einmal das Licht des gesamten Sternhimmels für ihren nächtlichen Beutefang benötigen. Das gesamte Licht aller Sterne, der Milchstraße usw. summiert sich nämlich bei klarem Himmel zu einer Beleuchtungsstärke von immerhin noch rund 1/1.000 Lux. Hingegen entprechen 1/10.000 Lux etwa der Beleuchtungsstärke, die Venus, der hellste aller Planeten, allein erzeugt. Außerdem treten 1/10.000 Lux dann ein, wenn der Sternhimmel durch das Blätterdach eines Waldes verdeckt *und* keine künstliche Beleuchtung vorhanden ist. (In Tabelle 1 sind die oben diskutierten Werte und einige weitere zusammengefasst.)

Es ist schon überaus bemerkenswert, dass die natürliche Helligkeit von einem Zehntausendstel bis zu Hunderttausend Lux schwanken kann und es visuelle Wahrnehmung über diesen gewaltigen Bereich (10 Zehnerpotenzen!) hinweg gibt – wenn auch längst nicht bei allen Lebewesen. Man muss sich klar machen, dass es keine andere von Lebewesen empfindbare physikalische Größe gibt, die auch nur *annähernd* so stark im Tagesrhythmus zu- und abnehmen kann wie die Beleuchtungsstärke. Die für biologische Rhythmen ebenfalls sehr bedeutsame Lufttemperatur zum Beispiel schwankt im Tag-Nacht-Verlauf an einem gegebenen Ort um maximal 10 %, wenn man die Kelvin-Skala als Bezugsrahmen festsetzt (und diese Festsetzung ist die einzig sinnvolle, wenn es um den Vergleich mit anderen Grundgrößen geht). Ähnliches gilt für Luftfeuchtigkeit und Luftdruck: Auch ihrer Variation sind um Welten engere Grenzen gesetzt als jener der Helligkeit. Abbildung 1.2 illustriert nochmals die zirkadiane Variation der *natürlichen* Beleuchtungsstärke unter verschiedenen Umständen (mit und ohne Mond, mit und ohne Bewölkung). Zum Vergleich ist dort auch schon das Niveau *künstlicher* Beleuchtungsstärke eingezeichnet, das heutezutage auf stark frequentierten Straßen und Plätzen erreicht wird.

TABELLE 1.1: Einige natürliche (und zum Vergleich auch künstliche) Beleuchtungsstärken, von sehr großen bis zu extrem kleinen, gerade noch wahrnehmbaren Werten [2, 3, 4]. Vgl. dazu auch Abb. 1.2.

Lichtquelle/Beleuchtungssituation	Beleuchtungsstärke
Sonne (im Zenit, am klaren Himmel)	Bis zu 128.000 Lux
Sonne in 20° Höhe	Bis zu 20.000 Lux
Tageslicht bei Bewölkung	1.000–10.000 Lux
Sonnenuntergang (klarer Himmel)	400 Lux
Empfohlene Beleuchtungsstärke eines Schreibtisches	300 Lux
Taghimmel vor starkem Gewitter	100 Lux
Straßenbeleuchtung bei hoher Verkehrsdichte	Bis zu 100 Lux
Sonne 6° unter dem Horizont	3 Lux
Vollmond	< 0.25 Lux
Halbmond	< 0.025 Lux
Klarer Sternhimmel inkl. Milchstraße und natürlichem Nachthimmelsleuchten	< 0.001 Lux
Venus in größtem Glanz	0.00017 Lux
Bedeckter Nachthimmel	Ca. 0.0001 Lux
Sirius	0.00001 Lux
Einzelner heller Stern	0.000001 Lux

In der Summe ergibt sich: Kaum etwas kann auf Organismen – einschließlich des Menschen – eine so starke *äußere* Zeitgeber-Funktion mit Tagesrhythmik ausüben wie das Licht. Dass es auch *innere* Zeitgeber in Lebewesen gibt, wie etwa die Melatonin-Ausschüttung, widerspricht dem nicht und wird in Kapitel 7 noch ausführlich diskutiert.

Im folgenden Abschnitt wird skizziert, wie der *Homo sapiens* als einzige irdische Gattung im Laufe seiner Geschichte die Nacht immer effektiver zu erhellen lernte, welche Techniken dabei zum Einsatz kamen und wie die künstlich erzeugten Beleuchtungsstärken nach und nach Werte erreichten, die in der Natur vorher nur in der Dämmerung oder tagsüber vorkamen.

ABBILDUNG 1.2:

Die Variation der Beleuchtungsstärke mit dem zirkadianen Rhythmus. Auf der horizontal verlaufenden Zeitachse ist ganz links und ganz rechts Mittag, in der Mitte hingegen Mitternacht (Ortszeit). Die U-förmige Kurve mit einer Amplitude von 8 Zehnerpotenzen stellt die natürliche Beleuchtungsstärke bei klarem Himmel dar. Ist es tagsüber sehr stark bewölkt und herrscht nachts intensive Beleutung, so reduziert sich die Veränderung der Beleuchtungsstärke auf nur 1–2 Zehnerpotenzen. Vergleichsweise sind auch die Verhältnisse bei Vollmond und unter einem dichten Blätterdach dargestellt.

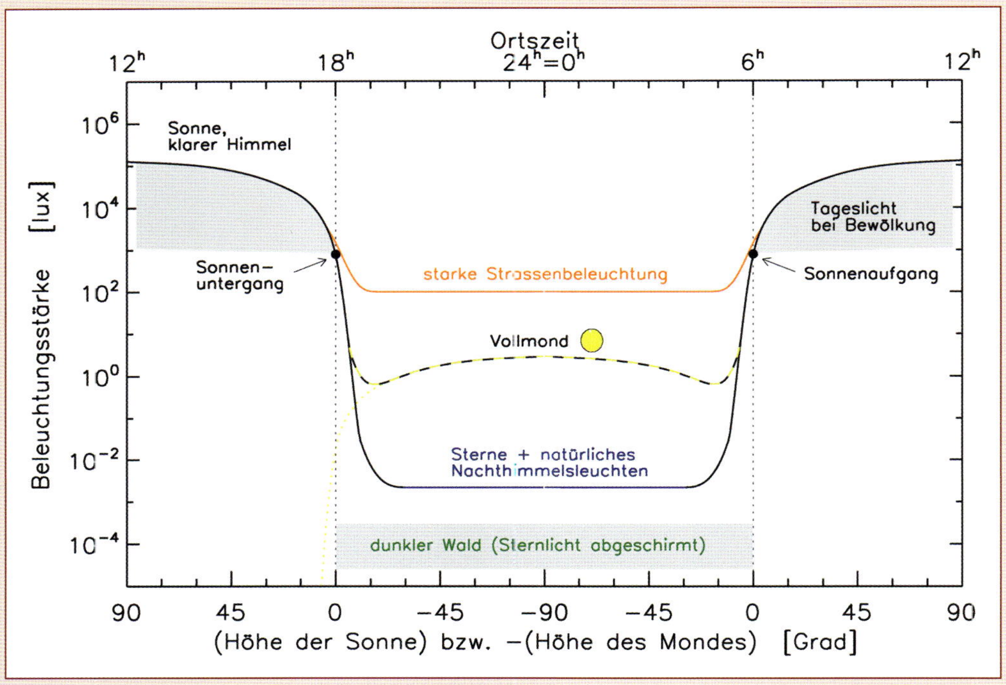

1.3 Von den Anfängen künstlicher Beleuchtung zur modernen Beleuchtungskultur

Die früheste, noch sehr kleinräumige Erhellung der Nacht waren Lagerfeuer. Wann das Feuer vom prähistorischen Menschen „gezähmt“ wurde, ist nicht genau bekannt. Vor etwa 500.000 Jahren scheint es vom Peking-Menschen schon auf kontrollierte Weise zum Einsatz gebracht worden zu sein. Lagerfeuer dienten nicht primär als Lichtspender, sondern vor allem als Kochstellen, Wärmequellen und zum Schutz vor wilden Tieren.

Manche Naturvölker machten sich sogar das nächtliche Leuchten bestimmter Insekten zunutze. So etwa fingen die Bewohner der Antillen Leuchtkäfer und sperrten sie gemäß einigen Reiseberichten in Laternengehäuse [5]. Die Ureinwohner von Java gingen noch einen Schritt weiter: Sie steckten phosphoreszierende Insekten in Wachs, das sie in flache Schalen gegossen hatten, um auf diese Weise deren Licht nutzen zu können.

Die ältesten prähistorischen Lampen, die sich erhalten haben, wurden in Südfrankreich gefunden und stammen aus einer etwa 40.000 Jahre zurückliegenden Zeit. Sie bestehen aus ausgehöhlten Steinen (meist aus Kalk- oder Sandstein); chemische Analysen von darin befindlichen Rückständen legen nahe, dass darin Tierfette verbrannt wurden [5]. Die ersten Märkte, auf denen regelmäßig Brennstoff für Lampen – überwiegend Sesamöl – gehandelt wurde, entstanden um 2.000 v. Chr. in Babylon. Das babylonische Lampenöl war jedoch sehr teuer: Für den Monatslohn eines Handwerkers waren nur etwa zehn Liter davon zu bekommen.

Die japanische Geschichtsschreibung erwähnt für das 7. Jahrhundert n. Chr. Öl für Beleuchtungszwecke unter dem Namen „brennendes Wasser". Marco Polo wusste im 13. Jahrhundert von Ölquellen am Kaspischen Meer zu berichten, die auch genügend Brennstoff für Laternen lieferten. Öl- und Talglampen von verschiedenster Art waren in der Tat – neben Fackeln und Kerzen – die gebräuchlichsten Quellen künstlichen Lichts in der Antike, im Mittelalter und mindestens bis ins 17. Jahrhundert. Ihre Lichtausbeute blieb allerdings bescheiden; sie erreichte im Falle von Öllampen 0,15 Lumen pro Watt (im Vergleich zu etwa 100 Lumen pro Watt, die heute leicht erreicht werden können).

Wichtiger ist, dass von einer *allgemeinen* öffentlichen Beleuchtung in dieser ganzen, überaus langen Zeit noch nicht die Rede sein kann, auch wenn in einzelnen antiken Städten (wie Antiochia am Orontes) bereits so etwas wie eine Straßenbeleuchtung existiert hat. So kann man im Lexikon des Mittelalters [6] lesen: „Straßenbeleuchtung ist im Mittelalter überwiegend unbekannt. Ansätze dazu finden sich vor allem in italienischen Städten des 14. und 15. Jahrhunderts sowie in Großstädten Westeuropas (London, Paris 15. Jahrhundert). Mitunter wird Straßenbeleuchtung in Not- bzw. Ausnahmesituationen [...] verordnet. Grundsätzlich bedient man sich beim Betreten nächtlicher Straßen jedoch mobiler Lichtträger (Laterne, Fackel), deren Verwendung in zahlreichen Ordnungen vorgeschrieben wird." [6] – Sogar noch auf eine spätere Epoche bezogen, stellt Roger Ekirch fest: „Vor dem späten 17. Jahrhundert bestand die einzige künstliche Beleuchtung der meisten Straßen aus dem Licht der Fenster sowie den Handlaternen der Fußgänger." [7]

Tatsächlich ist der Einsatz von Öl- und Talglampen als Straßenbeleuchtung in einigen europäischen Städten für das späte 17. Jahrhundert belegt: in Paris seit 1667, in London seit 1668, in Amsterdam seit 1669, in Berlin seit 1679, in Wien seit 1688 [8]. Allerdings war die Zahl der Laternen dabei anfangs noch ziemlich klein – in Wien waren es beispielsweise 1688 etwa 2.000 Lampen [W.1]. Wie die damaligen Beleuchtungskörper aussahen, davon vermittelt Abbildung 1.3 einen Eindruck.

Wegen der relativen Kostspieligkeit nicht nur der Leuchtmittel, sondern auch der Beleuchtungskörper, wurden für den Fall ihrer Beschädigung hohe Strafen angedroht. So etwa drohten in Berlin im Jahre 1720 bei Zerstörung einer Straßenlaterne zehn Jahre Landesverweisung, in Wien und Graz ging man gar so weit, das Abhacken der Hand anzudrohen, zumindest für den Fall wiederholter Zerstörung von öffentlichen Laternen [9, 11, W.1].

Ein zuverlässiges Maß dafür, wie hell (oder aus heutiger Sicht: wie schwach) die Laternen der Straßenbeleuchtung um 1800 und noch bis weit ins 19. Jahrhundert hinein waren, ergibt sich daraus, dass man sie bei Mondschein *nicht* in Betrieb nahm. Dies legt nahe, dass der Mondschein – wenigstens um die Zeit des Vollmonds – gleich hell oder heller war als das vom Menschen damals im Außenraum eingesetzte künstliche Licht. Erinnern wir uns daran, dass der Vollmond bei mittlerer Höhe eine Straße nur mit 0.1 Lux beleuchten kann (Abschnitt 1.2), so ergibt sich, dass auch die Straßenbeleuchtung des frühen 19. Jahrhunderts Werte der Beleuchtungsstärke im *Zehntel-Lux-Bereich* nicht überschritt, also 100–1.000mal schwächer (und ungleich kleinräumiger) war als die heutige.

Die nächsten beiden großen Schritte in der Geschichte der künstlichen Beleuchtung waren die Einführung der *Gasbeleuchtung* im ersten Drittel und die Einführung der *elektrischen Beleuchtung* ab dem letzten Drittel des 19. Jahrhunderts. Die gasbetriebene Beleuchtung wurde in London ab 1813, in Paris ab 1818, in Berlin ab 1826, in Wien 1834 eingeführt [5].

ABBILDUNG 1.3:
Illustrierte Gedenktafel zur Einführung der ersten öffentlichen Straßenbeleuchtung in Wien im Jahr 1688. Noch Anfang des 20. Jahrhunderts waren in Wien über 600 Personen als Laternenanzünder beschäftigt!

In der „Vossischen Zeitung“ vom 21. September 1826 liest man über die neue Illumination zum Beispiel Folgendes: „Gestern abend sahen wir zum ersten Male die schönste Straße der Hauptstadt [...], die Linden, im hellsten Schimmer der Gasbeleuchtung. Eine große Menge Neugieriger war durch dieses Schauspiel herbeigelockt worden und alle davon überrascht [...]. Nicht in dürftigen Flämmchen, sondern in handbreiten Strömen schießt das blendende Licht hervor, das so rein ist, daß man in einer Entfernung von 20–25 Schritten einen Brief recht gut lesen konnte [...] Bald werden auch die anderen Hauptstraßen auf gleiche Weise beleuchtet werden, und Berlin [...] wird auch bei Nacht den Fremden angenehm überraschen“ [10]. Zur Zeit der Gasbeleuchtung war es allerdings noch üblich, diese in der zweiten Nachthälfte abzuschalten. So etwa wurden die Wiener Vorstädte im Jahre 1850 durch 198 sogenannte „halbnächtige“, aber nur durch 84 „ganznächtige“ Gasflammen erhellt. Eine große Zahl von Laternenanzündern war mit dem Entzünden und Auslöschen der Gasflammen beschäftigt: unmittelbar vor dem Ersten Weltkrieg waren es in der Donaumetropole (bei inzwischen 37.000 Laternen) über 600 Mann [W.1]. In Berlin war die Brennzeit der Laternen bis Mitte des 19. Jahrhunderts auf 1.300 Stunden festgesetzt, entsprechend einer Abschaltung zu Mitternacht, in den Sommermonaten (Mai-August) und bei Vollmond; erst 1849 erfolgte eine Beinahe-Verdopplung auf 2.400 Brennstunden pro Jahr [10].

Ein entscheidendes Jahr für die Entwicklung der elektrischen Beleuchtung war 1879. In diesem Jahr präsentierte Thomas Alva Edison die erste langlebige Kohlefadenglühlampe, und auch Werner Siemens führte in seinem Haus eine Differential-Kohlebogenlampe vor. Unter „langlebig“ war im Falle der von Edison entwickelten Glühfäden eine Brenndauer von etwa 40 Stunden zu verstehen. Mit der Inbetriebnahme erster Kraftwerke Mitte der 1880er Jahre setzte in Metropolen wie Berlin die Umrüstung auf elektrische Beleuchtung ein [11]. Auch im Zentrum von Wien entstand 1882 eine erste Probebeleuchtung mit elektrischen Bogenlampen; doch erst um die Jahrhundertwende wurden größere Bereiche der Innenstadt definitiv auf elektrische Beleuchtung umgestellt. In Paris entstanden zu dieser Zeit gar utopische Entwürfe für einen Lichtturm („Colonne-Soleil“), der – als Alternative zum Eiffelturm geplant – die Stadt taghell erleuchten sollte [10]. Im 21. Jahrhundert ist der Eiffelturm tatsächlich durch Anbringung eines starken rotierenden Lichtstrahls auch zu einer Art Leuchtturm geworden, allerdings nicht mit dem Ziel, die Stadt taghell zu erleuchten, sondern um das Pariser Wahrzeichen nachts weithin sichtbar zu machen.

Kehren wir zurück in die Zeit um 1900! Die elektrische Beleuchtung hatte damals erst einen sehr kleinen Teil der Welt für sich erobert, wie Walter Hough in seiner *Histoire de l'eclairage* festhielt [12]. Außerdem betrug die Lichtausbeute der damals eingesetzten Leuchtmittel bestenfalls ein Zehntel der heute erreichbaren Werte; die ersten Glühlampen hatten zum Beispiel Wirkungsgrade von wenigen Prozent. Dennoch kam es im Zuge der Weiterentwicklung des elektrischen Lichts erstmals in der Geschichte der Menschheit zu einer Erhellung der Nacht und des Nachthimmels von *der* Art, dass astronomische Forscher ihre Arbeit signifikant beeinträchtigt sahen. So etwa schrieb der damals führende Beobachter an der Wiener Universitätssternwarte, Johann Palisa – der fast 100 Kleinplaneten unseres Sonnensystems an dem nur vier Kilometer vom Stadtzentrum entfernten Observatorium entdeckt hatte – in der Fachzeitschrift „Astronomische Nachrichten": „Hierzu [d.h. zu dem oft ungünstigen Wetter] gesellen sich in Wien die Einflüsse der Großstadt. [...] Diese Übelstände wachsen an Stärke von Jahr zu Jahr. Erst besondere Ereignisse bringen dem Beobachter die Steigerung des Übelstandes zum Bewußtsein. *So z. B. wurde in Wien vor dem Weltkriege die Ringstraße mit Bogenlampen beleuchtet. Um Mitternacht wurden die Bogenlampen ausgeschaltet, und sofort konnte ich um 1,5 bis 2 Größenklassen schwächere Sterne sehen.*" [13] Wenn Palisa schreibt, dass nach der mitternächtlichen Abschaltung der elektrischen Bogenlampen um 1.5 bis 2 Größenklassen schwächere Sterne zu sehen gewesen seien, so muss man sich dazu klar machen, dass ein Helligkeitsunterschied von 1.5 astronomischen Größenklassen einem *Faktor 4* entspricht, während ein Helligkeitsunterschied von 2 astronomischen Größenklassen sogar einem *Faktor 6.3* entspricht (da diese „Größenklassen" ein logarithmisches Maß sind). Palisa sah also nach der mitternächtlichen Abschaltung der Straßenbeleuchtung im mehrere Kilometer entfernten Stadtzentrum vier- bis sechsmal schwächere Sterne. Von den sechsmal schwächeren Sternen gibt es allerdings am Himmel bis zu zehnmal mehr als von den helleren Sternen! Das heißt, Palisa konnte an der aufwändig neu errichteten Wiener Universitätssternwarte infolge der Einführung der elektrischen Beleuchtung „vor dem Weltkriege" in gewissen Bereichen der Milchstraße zehnmal weniger Sterne sehen als er es gewöhnt war! So ist es nicht erstaunlich, dass er in der schon zitierten Publikation fortfährt: „Nun wird jedermann begreifen, wie sehr die Arbeitsfreudigkeit herabgestimmt wird, wenn er sieht, daß der fünfmal mehr Sternlicht auffangende 27-Zöller [= Teleskop mit 68 cm Durchmesser] nicht das zu leisten imstande ist, was der 12-Zöller [= Teleskop mit 30 cm Durchmesser] in Heidelberg leistet. *Ich fing an zu glauben, daß meine Sehkraft nachgelassen habe,* aber auch das ist nicht der Fall, denn vergleichende Beobachtungen mit einem jüngeren Kollegen, der auch auf schwache Sterne eingeübt ist, ergaben, daß ich immer noch schwächere Sterne wahrnehmen kann." [13] Palisa leitete daraus sogar ab, es sei an der Zeit, an die Verlegung seiner Sternwarte zu denken. Er nahm damit als einer der ersten Astronomen eine Tendenz vorweg, die erst mehr als 20 Jahre nach seinem Tod in großem Umfang einsetzte: die „Flucht" astronomischer Observatorien vor der Lichterflut der Städte, von der unten noch die Rede sein wird.

Wie entwickelte sich die künstliche Beleuchtung im Außenraum im 20. Jahrhundert weiter? Der Historiker Joachim Schlör stellt in seinem Buch „Nachts in der großen Stadt" fest, dass zwischen 1900 und 1930 unter den europäischen Städten ein „regelrechter Wettbewerb um den Ehrentitel ‚Lichtstadt'" ausbrach [10]. Während traditionell Paris den Anspruch erhob, die „ville lumière" Europas zu sein, wollte auch Berlin keineswegs zurückstehen und beanspruchte ebenfalls den Titel „Lichtstadt". Eine Gruppe australischer Elektroingenieure, die 1912 Europa besuchte, hielt in ihrem Reisebericht fest, Berlin sei „electrically the most important city“ – im Hinblick auf die Elektrizität die bedeutendste Stadt.

Der Erste Weltkrieg unterbrach kurzzeitig das Wetteifern um die größte nächtliche Helligkeit. Merkwürdigerweise gab es in der frühen Zwischenkriegszeit auch Autoren (und zwar nicht bloß Astronomen), die dem erzwungenen Innehalten im Lichtbetrieb positive Seiten abgewinnen konnten. „Das allzu helle Licht hatte“ – so schreibt dazu wiederum Schlör – „den Blick auf die nächtliche Stadt eher verstellt als erleichtert; als die Lichter nach dem Ersten Weltkrieg wieder angingen, heller noch als zuvor, gab es viele, die ihre Nacht vermißten“. [10] Doch die Tendenz zu immer hellerer Straßenbeleuchtung setzte sich in weiterer Folge fort. Berlin feierte Mitte Oktober 1928 die Illuminations-Aktion „Berlin im Licht“. Alle Mittel, die dazu geeignet waren, einen Zusammenhang von Licht und Fortschritt bzw. Modernität zu beweisen, wurden aufgeboten: Lichtreklame, Beleuchtung von Schaufenstern und öffentlichen Gebäuden, Straßen- und Fahrzeugbeleuchtung – kurzum: fast alles, was wir heute an „Lichtwundern“ aus den Metropolen der industrialisierten Welt kennen. Nur wenige reagierten darauf so kritisch wie Max Epstein, der aus diesem Anlass folgende Verse dichtete:

> „Kriegskrüppel läßt man auf den Straßen frieren,
> Aber man läßt die Straßen illuminieren.
> Das ist das schrecklich wahre Gesicht:
> Berlin im Licht.“ [14]

Später, zur Zeit des Nationalsozialismus, wurde Licht gar zur Untermauerung und zur breitenwirksamen Inszenierung eines buchstäblich totalitären Machtanspruchs verwendet. „Das Licht läßt sich in den Dienst der Macht stellen, seine Helligkeit blendet“: so kommentiert Schlör eine Aufnahme der hell erleuchteten Prachtstraße Unter den Linden aus dem Jahre 1936. Derselbe Autor nennt die „Eroberung der Nacht“ ein explizites Ziel nationalsozialistischer Politik. Doch es blieb bekanntlich nicht bei Metaphern: Hitlers favorisierter Architekt Albert Speer entwarf für die Nürnberger Reichsparteitage einen „Lichtdom“ [15], wo der Himmel mittels 150 Flakscheinwerfern erhellt wurde, wenn der „Führer“ ans Rednerpult trat. Der Schriftsteller Siegfried Kracauer bemerkte als einer der Ersten, daß diese Licht-Inflation auch zu einer „Vermehrung der Dunkelheit“ führte.

Der nationalsozialistische Lichtwahn blieb jedoch nicht lange im Gedächtnis der Menschen. Eher schon prägten sich die Bombennächte ins allgemeine Bewusstsein ein, und zwar nicht zuletzt als Nächte, in denen alle Lichter gelöscht wurden – als *Verdunklungsnächte* also. Deshalb erschien das nächtliche Wieder-Erstrahlen der Städte sowie die Ausbreitung elektrischer Beleuchtung auch in kleine Städte und Dörfer in der Nachkriegszeit als ein

ABBILDUNG 1.4:
Die Millionenstadt bei Nacht zu Beginn des 21. Jahrhunderts. Schon 1912 war Berlin von einer Gruppe australischer Elektroingenieure „electrically the most important city" genannt worden. Auch damals schon war die Prachtstraße Unter den Linden – hier im Bild von links unten nach rechts oben verlaufend – sehr hell beleuchtet. Im Hintergrund ist der Tiergarten als ‚Insel der Dunkelheit' zu erkennen.

Symbol für Wirtschaftsaufschwung und für den Weg in eine bessere Zukunft. Noch heute, im 21. Jahrhundert, ist diese Empfindung verbreitet.

Technisch gesehen waren folgende Faktoren – auf die unten Punkt für Punkt eingegangen wird – für die rasante Erhellung der Nacht entscheidend:

- Steigende Lumen/Watt-Ausbeute (= Lichtausbeute)
- Stark fallende Kosten des künstlichen Lichts
- Stark steigende Anzahl von Laternen
- Mangel an gesetzlichen Bestimmungen gegen exzessiven Gebrauch künstlichen Lichts in den meisten Staaten und Regionen

ABBILDUNG 1.5:
Berlin bei Nacht, aufgenommen 2008 – 80 Jahre nach der im Text beschriebenen Illuminations-Aktion „Berlin im Licht".

Wachsende Lichtausbeute:

Die unterschiedlichen Typen von Leuchtmitteln, die im Laufe der Geschichte zum Einsatz kamen, nutzen das zugrundeliegende Energiepotential mit sehr verschiedener Effizienz. Das Maß dafür ist die sogenannte Lumen-pro-Watt-Zahl, die angibt, wie viel Licht pro investierter Energie pro Zeit freigesetzt wird. Öl, Kerzen und Gas ließen nur sehr kleine Lichtausbeuten zu (weniger als ein Lumen pro Watt), während einige Typen elektrischer Beleuchtung Lichtausbeuten über 100 Lumen pro Watt erreichen (Tabelle 1.2). Wie William Nordhaus gezeigt hat, wuchs die Lichtausbeute von den babylonischen Öllampen bis ins frühe 19. Jahrhundert nur um 0.04 Prozent pro Jahr; doch dann wurde das Wachstum wesentlich größer: zwischen 1800 und 1992 betrug es im Jahresdurchschnitt 3.6 Prozent [16].

Natürlich ist wachsende Lichtausbeute nicht unmittelbar mit mehr Lichtemissionen gleichzusetzen, denn theoretisch besteht die Chance, durch sich verbessernde Leuchtmittel-Effizienz eine gleichbleibende Lichtmenge bei ständig sinkendem Stromverbrauch zu erzeugen. In der Praxis werden jedoch effizientere neue Leuchtmittel im Außenraum meist nicht so eingesetzt, dass die Beleuchtungsstärken gleich bleiben (und dabei der Stromverbrauch drastisch sinkt), sondern es wird bei nur geringfügig reduzierter oder gar gleichbleibender Anschlussleistung *immer mehr Licht von immer effizienteren Leuchten* freigesetzt. Unter dieser Voraussetzung bedeutet wachsende Lichtausbeute auch wachsende Erhellung der Nacht und wachsende Lichtverschmutzung.

Die Lichtausbeute kann jedoch nicht beliebig gesteigert, sondern nur bis zu einem physikalischen Maximalwert von 683 Lumen pro Watt gebracht werden. Dieser Wert kann von keiner – weder von einer natürlichen noch von einer künstlichen – Lichtquelle überschritten werden. Darin liegt aus astronomischer und ökologischer Sicht ein gewisser Hoffnungsschimmer.

TABELLE 1.2: Lichtausbeute verschiedener Lampentypen [16].

Lampentyp und Jahr	Lichtausbeute in Lumen pro Watt
Steinzeitliche Tierfett-Lampe 38.000 v. Chr.	0.015
Babylonische Sesamöl-Lampe um 1750 v. Chr.	0.06
Kerze um 1800	~0.1
Gasbeleuchtung um 1827	0.13
Kohlefadenglühlampe nach Edison um 1880	2.6
Verbesserte Kohlefadenglühlampe um 1910	6.5
Wolfram-Glühlampe um 1930	12
Kompakt-Leuchtstoffröhre um 1992	70
Leuchtdioden um 2007	bis zu 100
Natriumdampf-Hochdrucklampe um 2007	bis zu 120
Natriumdampf-Niederdrucklampe um 2007	bis zu 200
Obergrenze der Lichtausbeute für tageslichtähnliches künstliches Licht	~225
Physikalische Höchstgrenze der Lichtausbeute	683

Fallende Kosten des künstlichen Lichts:

Noch dramatischer als die Veränderung der Lichtausbeuten gestaltete sich jene der Kosten der künstlichen Beleuchtung. Nordhaus entwickelte ein besonders instruktives Maß für die schier unglaubliche ökonomische Entwertung einer gegebenen Lichtmenge, nämlich die Zahl der Arbeitsstunden, die ein Individuum aufbringen muss, um diese Lichtmenge finanzieren zu können. Allein im Zeitraum 1883 bis 1992 ergibt dieses Maß eine Deflation des Lichtpreises um das *Sechstausendfache*!

Betrachten wir dazu folgende exemplarische Entwicklung im Bereich der Innenraumbeleuchtung. Eine konventionelle 100 Watt-Glühbirne mit einer Lichtausbeute von 14 Lumen pro Watt setzt einen Lichtstrom (= Lichtmenge pro Raumwinkeleinheit) von etwa 1.400 Lumen frei. Den gleichen Lichtstrom setzt eine kompakte Leuchtstoffröhre („Energiesparlampe") bei 20 Watt Leistung und 70 Lumen pro Watt frei. Betreibt man nun eine solche Lichtquelle jeden Abend drei Stunden lang, so ergibt dies jährlich rund 1.100 Betriebsstunden und somit 1.54 Millionen „Lumenstunden" pro Jahr. Ende des 20. Jahrhunderts musste ein durchschnittlicher US-amerikanischer Arbeiter nur *10 Minuten* lang (pro Jahr!) arbeiten, um sich die Strommenge leisten zu können, die den 1.54 Millionen Lumenstunden – freigesetzt von einer Energiesparlampe – entsprechen. Wieviel Arbeitszeit hätte hingegen ein durchschnittlicher US-amerikanischer Arbeiter im Jahre 1883 investieren müssen, um mittels der damals eben erst erfundenen, noch viel mehr Elektrizität verbrauchenden elektrischen Beleuchtung denselben Lichtstrom über dieselbe Zeit hinweg erhalten zu können? Die überraschende Antwort lautet: *mehr als 1.000 Stunden*, also 50 Arbeitswochen – ein ganzes Jahr lang! Mit anderen Worten: 6.000mal länger als zu Ende des 20. Jahrhunderts. Dabei ist natürlich die allgemeine Einkommenssteigerung im Zeitraum von 1883 bis 1992 bereits in Rechnung gestellt [16]; sie ist aber weniger entscheidend als die Fortschritte in der Beleuchtungstechnologie im selben Zeitraum. (Die angeführten Überlegungen zur extrem starken Abnahme des arbeitsbezogenen Lichtpreises gelten auch dann, wenn man berücksichtigt, dass elektrische Beleuchtung um 1883 noch nicht die Standardbeleuchtung war.)

Diese gewaltige Deflation der Lichtkosten (Abb. 1.6) hatte entscheidenden Einfluss nicht nur auf die Praxis der (meist privaten) Innenraumbeleuchtung, sondern auch auf die Beleuchtung öffentlicher Straßen und Plätze. Licht wurde, ähnlich wie viele Kunststoffe (Plastik), zu einer so günstigen Ware, dass zu jeglichem Nachdenken über sorgfältigen Umgang damit aus rein *ökonomischen* Gründen in der industrialisierten Welt immer weniger Anlass und Anreiz bestand. Nur durch diese Deflation der Kosten, in Verbindung mit dem allgemeinen Vorurteil „je heller, desto besser", konnte künstliches Licht im 20. Jahrhundert zu einer Art von allgegenwärtigem *Lichtmüll* werden – in allen Jahrhunderten davor wäre es dazu viel zu kostbar gewesen.

Trotz der Tatsache, dass Licht heute nur mehr sehr wenig kostet, kam allerdings eine slowenische Expertengruppe 2007 zu dem Schluss, dass EU-weit jährlich 1.7 Milliarden Euro allein für jenen Teil der öffentlichen Beleuchtung ausgegeben werden, der zu Lichtemissionen in Richtung Weltraum führt.

ABBILDUNG 1.6:

Zur Entwicklung der arbeitszeitbezogenen Kosten elektrischer Beleuchtung zwischen 1883 und 1992. Die Bedeutung der Einheit „Lumen-Stunden" wird im Text an einem Beispiel erklärt.

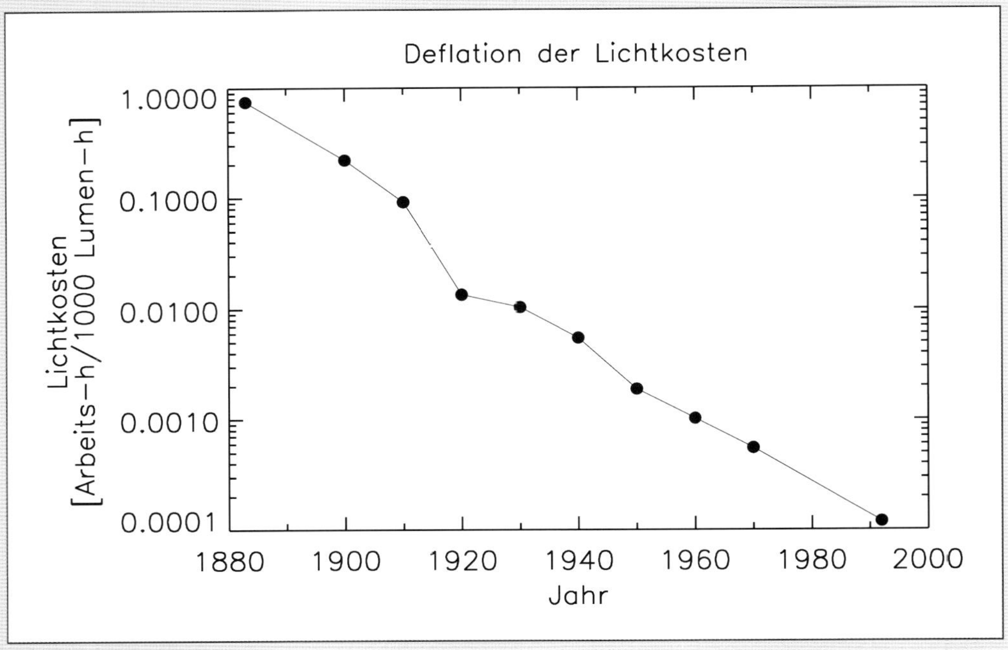

Steigende Anzahl von Laternen:

Parallel zu wachsender Lichtausbeute und Deflation des Lichtpreises bzw. durch diese beiden Faktoren maßgeblich unterstützt stieg in allen Städten der industrialisierten Welt die Zahl der für die Außenbeleuchtung eingesetzten Lampen. Abbildung 1.7 zeigt dieses in der Nachkriegszeit besonders ausgeprägte Anwachsen für die Stadt Wien, deren Beleuchtungsgeschichte über einen sehr langen Zeitraum hinweg dokumentiert ist. Zu beachten ist, dass das parallele Wachstum der Einwohnerzahl im entsprechenden Zeitraum zwar auch groß, aber dennoch bei weitem geringer war. Die wachsende Zahl der Beleuchtungskörper im Außenraum ist, vor allem in Stadtrandgebieten, auch durch die Flächenversiegelung mit bedingt. Einkaufs- und Industriezentren, aber auch Wohngebiete, die an die Stelle von vordem unbebautem Land treten, bringen in der Regel ein Anwachsen suburbaner Lichtglocken mit sich (Kap. 2, Abschnitt 2.4).

Mangel an gesetzlichen Bestimmungen:

Durch die Kombination von wachsender Lampenzahl und wachsender Lichtausbeute jeder einzelnen Lampe entstand eine noch viel stärkere regelrechte „Explosion" des Lichtvolumens der großen Städte, als es die auf nur einen ursächlichen Faktor (die Lampenzahl) bezogene Abbildung 1.7 vermuten ließe. Das ungebremste Wachstum der Lichterflut wurde im 20. und zu Anfang des 21. Jahrhunderts auch dadurch unterstützt, dass es in den meisten Ländern an diesbezüglichen gesetzlichen Regelungen fehlte. So etwa schreibt die maßgebliche europäische Norm EN-13201 für die durch die Straßenbeleuchtung zu

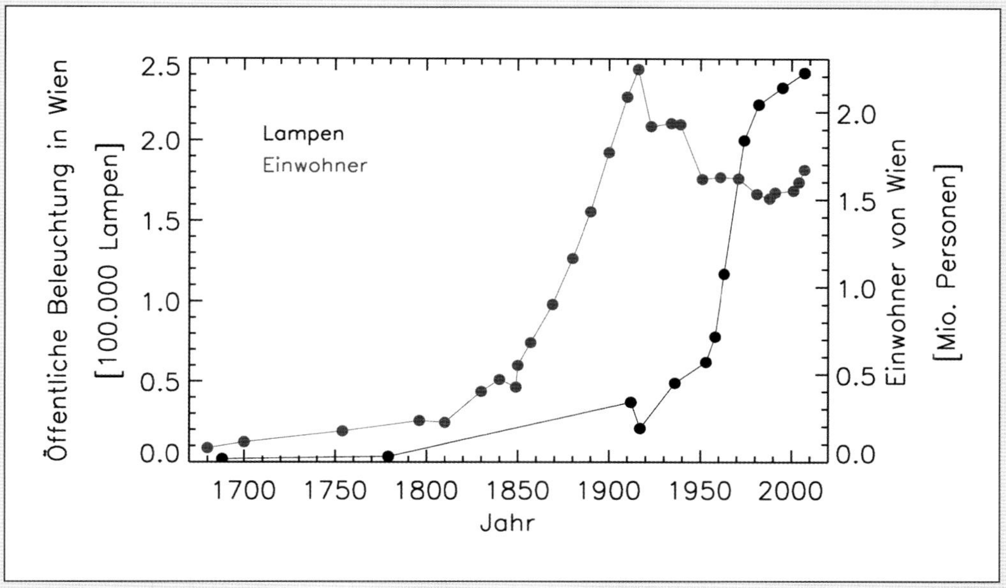

ABBILDUNG 1.7: Wachstum der Zahl der für die öffentliche Beleuchtung in Wien eingesetzten Lampen vom 17. Jahrhundert bis heute. Zum Vergleich wird auch die Entwicklung der Einwohnerzahl gezeigt.

erzielenden Fahrbahn-Helligkeiten nur *untere* Grenzwerte (Mindestwerte), hingegen keine *oberen* Grenzwerte vor. Nur wenige Staaten – darunter Slowenien – erließen gesetzliche Regelungen zur Eindämmung der Lichterflut.

1.4 Auswirkungen auf den Nachthimmel

Die Summe aller oben angeführten Faktoren bewirkte eine immer stärkere Emission künstlichen Lichts in Richtung Sternenhimmel. Besäße die Erde keine Atmosphäre, so könnte unsere Zivilisation vom Boden aus noch so viel Licht emittieren – der Himmel bliebe dennoch stets dunkel. Da unser Planet jedoch eine dichte Lufthülle besitzt, wird das von Straßen, Plätzen, Fenstern, Fassaden, Lichtreklamen usw. ausgestrahlte Licht in dieser Lufthülle *gestreut* (ähnlich wie das Sonnenlicht bei Tag und in der Dämmerung), sodass der Himmel aufgehellt wird, und zwar umso mehr, je mehr Strahlung nach oben entweicht.

Schon im Jahre 1988 wurde in Arizona die „International Dark Sky Association“ (IDA) gegründet – mit dem Ziel, der energieverschwendenden und auch ökologisch bedenklichen Emission von künstlichem Licht nach „oben“ Einhalt zu gebieten. Die IDA plädiert für den Einsatz von Beleuchtungskörpern, die nur nach unten strahlen (sog. „Full-cutoff-Leuchten“), sowie allgemein für einen sorgsamen Umgang mit künstlicher Beleuchtung. Nach über 20-jährigem Bestehen hat die IDA heute weit über 10.000 Unterstützer und konnte in vielen Ländern immerhin das Bewusstsein dafür schärfen, was „Lichtverschmutzung“ bedeutet und wie sie vermieden werden kann.

Dennoch schreitet die Aufhellung des Nachthimmels schier unaufhaltsam fort. Im Jahre 2000 publizierte der Astronom Pierantonio Cinzano eine Studie über die Zunahme der Himmelshelligkeit über der norditalienischen Po-Ebene. Seine Ergebnisse zeigen ein beinahe exponentielles Wachstum der nächtlichen Himmelshelligkeit seit den 1960er Jahren (Abb. 1.8). Cinzano leitete aus seinen Forschungen für Norditalien Wachstumsraten der Himmelsaufhellung von rund *10 Prozent pro Jahr* ab. Dies entspricht einer Verdopplung innerhalb eines Zeitraums von sieben Jahren! Natürlich hängt das genaue Ausmaß der künstlichen Aufhellung des Nachthimmels immer auch von meteorologischen Bedingungen und vom Aerosolgehalt der Luft ab. Cinzanos Ergebnisse beziehen sich aber auf mittlere atmosphärische Bedingungen und gelten insofern unabhängig von kurzzeitigen, durch Wetter und Luftverschmutzung verursachte Schwankungen. In anderen europäischen Ländern geht man von Wachstumsraten der Nachthimmelshelligkeit von mindestens fünf Prozent pro Jahr aus, in Mexiko hingegen von bis zu 15 Prozent in den 1990er Jahren [17].

Im Jahre 2001 wurde von Cinzano auch der erste Atlas zur Aufhellung des Nachthimmels über allen Ländern der Erde veröffentlicht. Als Datengrundlage dienten Satellitenaufnahmen der Erde bei Nacht. Nur schlaglichtartig seien Implikationen dieses Atlas genannt: Für 93 % der Bevölkerung der USA und für 90 % der Einwohner Europas wird der Himmel nie dunkler als bei einem mindestens 15° hoch stehenden Halbmond; 25 % der Weltbevölkerung leben gar unter einem Himmel, der nachts so hell und sternarm ist wie im Falle der sogenannten ‚nautischen Dämmerung', d.h. wenn die Sonne nur 6–12° unter dem Horizont steht. In den Niederlanden – einem der am stärksten beleuchteten Staaten der Welt – erleben 85 % der Menschen permanent eine Erhellung der Nacht, die jener bei Vollmond entspricht [18].

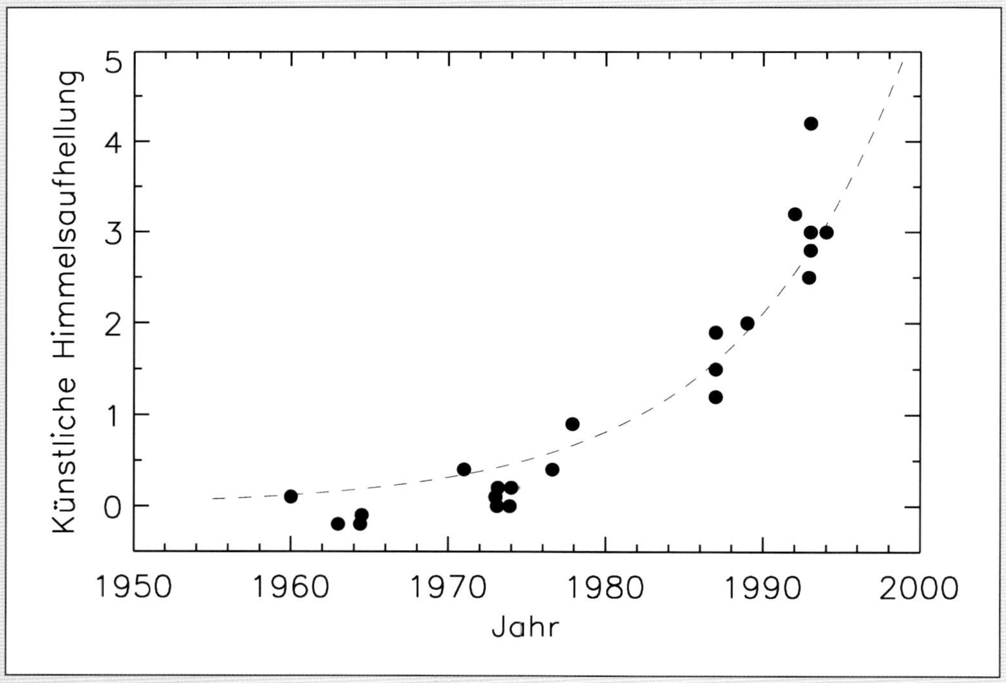

ABBILDUNG 1.8:
Zur Zunahme der künstlichen Himmelsaufhellung in Norditalien zwischen 1960 und 1995. Die Himmelsaufhellung ist in Einheiten der natürlichen Nachthimmelhelligkeit angegeben (nach [19]).

Die Abbildungen auf den folgenden Seiten zeigen Ausschnitte aus Cinzanos Atlas, und zwar als sogenannte Falschfarbendarstellungen: die unterschiedlichen Farben entsprechen unterschiedlichen Intensitäten der Nachthimmelsaufhellung [20].

Noch viel besorgniserregender als die auf die Situation zur Jahrtausendwende bezogenen Forschungsergebnisse sind die gleichfalls von Cinzano erstellten Prognosen für die weitere Entwicklung. Wie wird, wenn wir weiterhin ganz ungehemmt und achtlos künstliches Licht in die Nacht und in den Weltraum abstrahlen, der Nachthimmel über unseren Köpfen im Jahre 2025 aussehen? Abbildung 1.12 gibt eine Antwort auf diese Frage am Beispiel der Vereinigten Staaten von Amerika.

Es zeigt sich: Die Gegenden, in denen weniger als 100 Sterne (statt natürlicherweise 2.000–3.000) am Nachthimmel zu sehen sind, werden bei Fortsetzung der bisherigen Entwicklung noch weiter an Fläche gewinnen. Die Regionen, in denen man noch das schimmernde Band der Milchstraße sehen kann, werden noch viel weiter zurückgedrängt werden. In all den Regionen, die in den Abbildungen orange, rot, weiß oder hellgrau dargestellt sind, können die Milchstraße sowie die überwiegende Mehrzahl der Sterne nicht mehr gesehen werden. Bei weitem ist dies nicht nur ein Problem derer, die sich am Anblick des Sternhimmels erfreuen: die damit einhergehenden Folgen für die Tierwelt und für die Qualität des Schlafes werden in den übrigen Kapiteln dieses Buches aufgezeigt. Im Folgenden soll jedoch noch genauer darauf eingegangen werden, was die zunehmende Himmelsaufhellung für die astronomische Forschung bedeutet.

1.5 Astronomische Observatorien auf der Flucht vor der Lichterflut

Die zuletzt beschriebene Entwicklung schränkte den Beobachtungsbetrieb in großstadtnahen astronomischen Observatorien in den letzten Jahren und Jahrzehnten immer mehr ein. Es trugen jedoch auch klimatische und topographische Gründe maßgeblich dazu bei, dass die modernen Großsternwarten zunehmend auf Berggipfeln oder Hochplateaus fernab der menschlichen Zivilisation errichtet wurden. Denn nur dort, wo man mindestens 200–300 klare Nächte pro Jahr erwarten und den Großteil der tiefliegenden feuchten Luftschichten unter sich lassen kann, ist es sinnvoll, die extrem aufwändigen und kostspieligen Teleskope aufzustellen, welche die astronomische Forschung seit dem Zweiten Weltkrieg prägen.

Die Instrumente traditionsreicher Sternwarten wie Greenwich bei London, Observatoire de Paris, später auch der 5m-Spiegel auf Mount Palomar in den Bergen südöstlich von

ABBILDUNGEN 1.9–11:

Zur Himmelsaufhellung über verschiedenen Erdteilen (zur Farbcodierung vgl. Abb. 1.12).

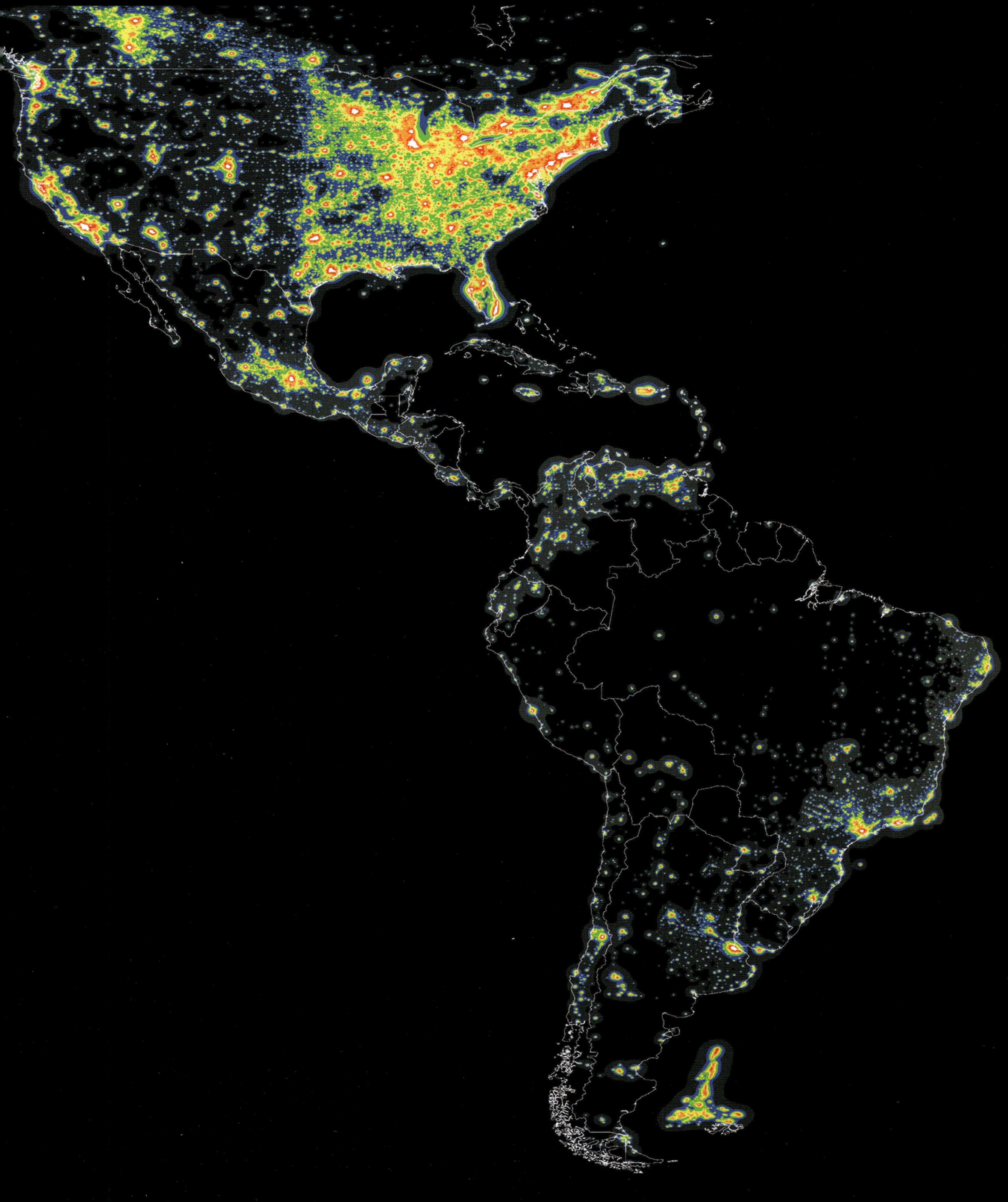

ABBILDUNG 1.12:
Himmelsaufhellung über den USA. Man beachte vor allem die Bedeutung der Farben orange, rot, weiß und zartrosa.

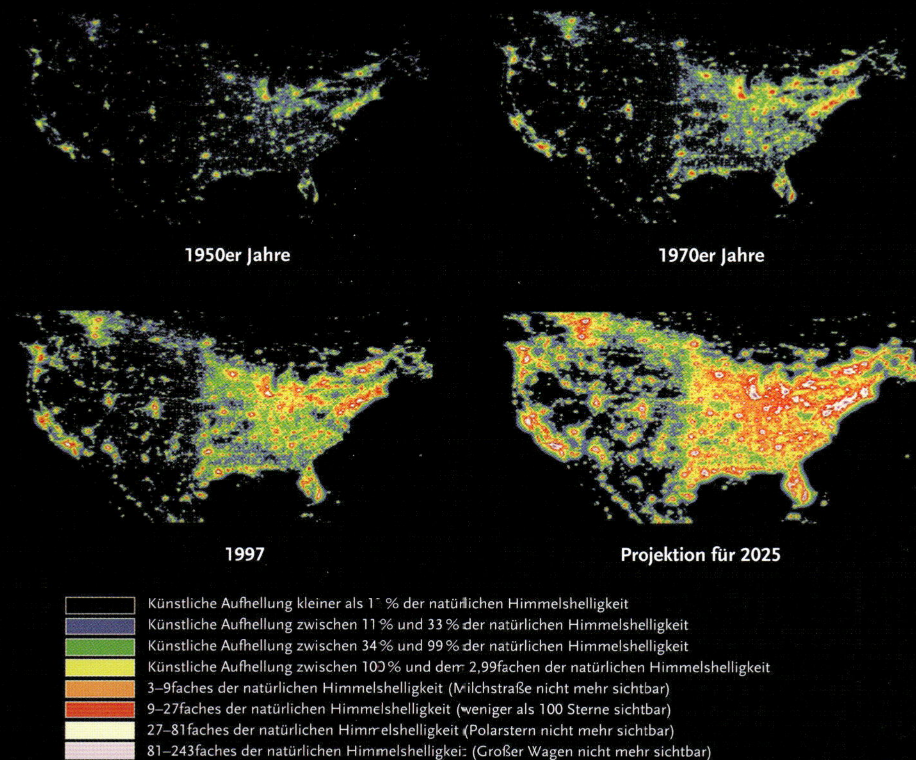

Los Angeles wurden durch die stetig anwachsende Lichterflut massiv entwertet. Auch Observatorien, die auf hohen Bergen fernab von Millionenstädten errichtet wurden, bedürfen heute des Schutzes vor Lichtverschmutzung in Form von gesetzlichen Bestimmungen. Die Aufhellung des Nachthimmels durch die Zivilisation ist nämlich ein Phänomen mit enormer Fernwirkung. Die Lichtglocken großer Städte hellen den Himmel – mindestens im Horizontbereich – auch noch in Dutzenden, mitunter sogar in Hunderten Kilometern Entfernung auf. Um diese Beeinträchtigung astrophysikalischer Forschungen zu verhindern, wird die Helligkeit des Himmelshintergrundes zum Beispiel am Observatorio del Teide – Teil des renommierten Astrophysikalischen Instituts der Kanarischen Inseln – regelmäßig gemessen. Mit Photometern messen Wissenschaftler die Intensität des Lichts, das von den Küstenstädten der Kanarischen Inseln nach oben abgestrahlt wird. Zu helle Lichtquellen werden zudem vor Ort untersucht und durch solche ersetzt, die weniger Lichtemissionen Richtung Sternhimmel bewirken. Dies ermöglicht ein Gesetz, das seit 1988 den Nachthimmel über den Kanarischen Inseln unter Schutz stellt (Text S. 36). Eine ähnliche Situation hat sich in Chile im Umfeld der Großteleskope der Europäischen Südsternwarte eingestellt. Die Berge La Silla und Paranal, auf denen diese Großteleskope stehen, liegen zwar ohnehin weit entfernt von großen Städten. Doch durch die extreme Fernwirkung der Lichtverschmutzung und durch deren besorgniserregende Wachstumsraten erweist es sich als nötig, auch in chilenischen Städten Regelungen zum Schutz des Nachthimmels zu erlassen. Außerdem ist die Entwicklung der Nachthimmelshelligkeit inzwischen zum

Gegenstand zahlreicher Fachpublikationen geworden und geht entscheidend in die Auswahl der Standorte gegenwärtiger und zukünftiger Großteleskope ein. Schließlich kostet eine einzige Beobachtungsnacht an einem Teleskop mit 8 m Spiegeldurchmesser heute etwa 120.000 Euro – und wer könnte es rechtfertigen, dass das so kostbare Licht der Galaxien, das vielfach Millionen bis Milliarden Jahre bis zur Erde unterwegs war, auf den letzten Kilometern durch achtlos erzeugten irdischen „Lichtmüll" in seinem Informationsgehalt beeinträchtigt wird?

Nur selten erledigt sich das Problem des von unten nach oben strahlenden Lichts auf eine so einfache (und zugleich ästhetisch reizvolle) Weise wie in Abbildung 1.13 gezeigt: durch eine Wolkendecke, die leuchtende Städte unter sich verbirgt. Damit dies der Fall sein kann, müssen spezielle meteorologische Bedingungen eintreten, auf die nur die wenigsten Observatorien hoffen können.

Bislang ist kein Fall bekannt geworden, wo infolge der Reglementierung der nächtlichen Außenbeleuchtung für astronomische Forschungsinteressen negative Folgen wie etwa mehr Einbrüche, mehr Verkehrsunfälle oder auch nur geringere subjektive Zufriedenheit der Anwohner eingetreten wären. Dies ist auch nicht erstaunlich, denn die Annahme, wonach mehr – etwa gar: unkontrolliert abgestrahltes – Licht mehr Sicherheit und Wohlbefinden bringe, ist ohnehin unter Fachleuten höchst umstritten.

1.6 Zukunftsperspektiven

„Wo Licht totalitär wird wie in den Metropolen der Moderne, da herrscht in der Tat Lichtverschmutzung": dieser Satz stand 2002 in der Hamburger Wochenzeitung *Die Zeit* zu lesen [21]. Er wurde nicht etwa von einem Astronomen oder einem Umweltaktivisten geschrieben, sondern von einem Philosophen – Ludger Lütkehaus, der selbigen Orts auch die These aufstellte, es gebe ein Menschenrecht auf Dunkelheit wie auf Stille.

Bezüglich der Stille hat sich diese Erkenntnis längst durchgesetzt: Die Abwesenheit von Lärm ist zum Beispiel auf dem heutigen Wohnungsmarkt ein fest etabliertes Qualitätskriterium. Bezüglich der Dunkelheit sieht die Sache noch ganz anders aus. Tief ist in uns allen die Angst vor der Abwesenheit des Lichts verankert. Ein italienisches Sprichwort sagt: „In der Nacht ist jede Katze ein Leopard". Dies drückt sehr anschaulich das allgemeine Empfinden aus, wonach Dunkelheit gefährlich, ja vielleicht gar das Element des Bösen sei. Dass dem Menschen auch durch ein *Zuviel* an Licht Gefahren drohen können, ist eine relativ neue Erkenntnis. Noch in den 1980er Jahren gingen amerikanische Forscher davon aus, dass sehr hohe Beleuchtungsstärken (etwa 2.500 Lux) notwendig wären, um die Hormonproduktion

ABBILDUNG 1.13:

Blick vom 4.200 Meter hohen Vulkangipfel des Mauna Kea auf Hawaii über eine Wolkenschicht zum Sternhimmel und zur aufgehenden Milchstraße. Rechts der Bildmitte erkennt man rötliche Nebel, Sterne und Staubwolken rings um das Zentrum unserer Milchstraße. Die Stadtbeleuchtung von Hilo erzeugt ein gelbliches Leuchten in den Wolken. Ohne die Wolkendecke würde der Lichtkegel dieser Stadt den Himmel merklich aufhellen. Ganz rechts im Bild die Kuppel des Gemini North Teleskops.

Javier Diaz Castro, „Lichtinspektor" auf Teneriffa

Die Kanarischen Inseln bieten – neben Hawaii und den chilenischen Anden – ideale Standorte für moderne Hochleistungs-Observatorien: klare Luft, keine Großstädte in weitem Umkreis. Je dunkler die Umgebung, desto besser sind die Sterne zu erkennen. Sternwarten mit langer Tradition müssen weltweit ihren Beobachtungsbetrieb einschränken. Paris, Berlin, Rom und Wien sind nachts nicht mehr dunkel genug. Die Lichterflut jener Städte beeinträchtigt die wissenschaftliche Arbeit. Anders ist es auf der Sternwarte auf dem Pico del Teide, einem 3.200 Meter hohen Gipfel im Zentrum der Atlantikinsel Teneriffa. Hier stehen den Astronomen neun Hochleistungsteleskope zur Verfügung. Sie kommen Wissenschaftlern aus Europa und der ganzen Welt zugute, parallel zu den Fernrohren auf der Nachbarinsel La Palma. Javier Diaz Castro, ein Mitarbeiter des Instituto Astrofisico de las Canarias (IAC), erzählt:

> *„Als ich klein war, zeigte mir mein Vater die Sterne. Heute geht das kaum noch. Und deshalb ist es gut, dass man auf Teneriffa Licht immer vernünftiger einsetzt. Wenn ich mit meinen Kindern auf das Dach steigen und ihnen die Sterne zeigen kann – dann ist das fantastisch!"*

Nur bei völliger Dunkelheit kann in den Observatorien gearbeitet werden. Javier Diaz Castro sorgt dafür, dass Licht-Exzesse auf Teneriffa ausbleiben. Er ist Leiter der Abteilung für Emissionsschutz des IAC. Seit 1988 wird der Nachthimmel über den Kanaren per Gesetz geschützt. Mit einem Photometer messen die Inspektoren im Auftrag des Observatorio del Teide das störende Kunstlicht, das vom Boden in den Himmel strahlt. Zu helle und auffällige Lichtpunkte werden vor Ort untersucht. Diaz Castro:

> *„Das Problem bei manchen Lampen liegt vor allem in ihrem Farbspektrum. Licht mit starkem Blauanteil erzeugt einen viel stärkeren Widerschein am Himmel als Licht mit überwiegendem Gelbanteil. Durch Blau wird der Himmel hell – man kann die Sterne nicht mehr sehen. Es gibt sehr wohl Leuchten, die mit ihrem gelblichen Licht nur wenig zur Lichtverschmutzung beitragen. Im günstigsten Fall haben sie außerdem Reflektoren, die das Licht auf den Boden richten. Nur dort wird es gebraucht – nicht am Himmel."*

Die Himmelsbeobachtung hat Tradition in der klaren Gebirgsluft. Dank der Lichtinspektoren hat Teneriffa – obwohl auch touristisch intensiv genutzt – die Chance, seinen dunklen Himmel auch künftig zu bewahren. Ein regelmäßiger Nutzer der Großteleskope der Kanaren meint dazu:

> *„Die Arbeit der Kollegen ist enorm wichtig. Jede Art von künstlichem Licht erschwert unsere Beobachtungen. In Gegenden, in denen jeder beleuchten darf, was und wie er will, kann man kaum noch Sterne sehen. Hier hingegen können wir unzählige Himmelskörper sogar mit bloßem Auge und ohne Vergrößerung beobachten. Mit den Teleskopen des Observatoriums erkennen wir sogar die extrem schwachen Objekte, die Milliarden von Lichtjahren von uns entfernt sind. Wir wollen einfach nicht, dass ihr Licht, das uns so viel über den Anfang des Universums verrät, auf den letzten paar Kilometern ausgebremst, das heißt durch künstliche Lichtquellen überstrahlt wird."*

im Organismus signifikant zu beeinflussen. Heute weiß man, dass mit Sicherheit bei vielen Tieren, höchstwahrscheinlich aber auch beim Menschen, schon geringe Beleuchtungsstärken (wenige Lux) genügen, um den Tag-Nacht-Rhythmus empfindlich zu stören.

Als vor über 125 Jahren damit begonnen wurde, die großen Städte Europas mit elektrischer Beleuchtung auszustatten, feierte man dies als große kulturelle Errungenschaft. Die Dunkelheit trat ihren Rückzug an. Heute sind wir an dem Punkt angelangt, dass der durchschnittliche Europäer in der Regel weiter reisen muss, um eine dunkle Nachtlandschaft und die Pracht des Sternhimmels zu erleben, als um sauberes Wasser aus einer Quelle zu trinken. Sauberes Quellwasser ist nämlich transportierbar, der Sternhimmel hingegen nicht. Die Lichtkuppel von Las Vegas sieht man in den umliegenden dunklen Wüstengebieten mehrere hundert Kilometer weit.

Haben wir nun wenigstens mit der nächtlichen Dunkelheit die Kriminalität aus unseren Städten vertrieben, wie dies eine Werbegrafik schon zu Anfang des 20. Jahrhunderts suggerierte? Wohl kaum. Studien aus Großbritannien zeigen vielmehr, dass es keinen verallgemeinerten Zusammenhang zwischen Beleuchtungsintensität und Verbrechensrate gibt [W.2]. Nicht selten erleichtert Beleuchtung sogar Einbrüche und Vandalismus-Delikte.

Betrachtet man das Licht – sowohl das natürliche Tageslicht wie auch die künstliche Beleuchtung – aus kulturhistorischer Perspektive, so kann man von einem Prozess fortschreitender ‚Entzauberung' sprechen. Bevor die Menschen künstliches Licht überhaupt in kontrollierter Weise einzusetzen vermochten, war, wie eingangs gesagt, die Verehrung vor allem des Sonnenlichts als eines gleichsam göttlichen Phänomens weit verbreitet. Die Dunkelheit war vorwiegend mit negativen Assoziationen besetzt, bis hin zur Dämonisierung der Dunkelheit als einem Sinnbild des Bösen. Mit dem Siegeszug der elektrischen Beleuchtung ging eine Erschließung – bis hin zur *Eroberung* – der Nacht durch unsere Zivilisation einher. Licht wurde zu etwas *Steuerbarem*, zugleich aber auch zu etwas *Steuerndem:* Durch die Präsenz des Lichts wurde in vormals nicht nutzbaren nächtlichen Zeiträumen Arbeit, Verkehr, Geselligkeit und Konsum möglich. So ist es bis heute geblieben, und nach diesem Muster expandiert die Zivilisation immer weiter in die Nacht hinein: der Möglichkeit nach bis hin zu deren gänzlicher Zerstörung. Diese wird auch dadurch unterstützt, dass künstliches Licht durch die Fortschritte der Beleuchtungstechnologie (Effizienzsteigerung) zu einer vergleichsweise billigen Ware und somit zu einem Wegwerfprodukt, einer Art Müll geworden ist – Müll ohne Chance auf Wiederverwertung.

Vermutlich stehen wir derzeit an der Schwelle zu einer neuen Phase der Beziehung zwischen Mensch und künstlichem Licht: Der Versuch, durch Licht die Nacht zu erobern (und dadurch nur Vorteile haben zu wollen) *stößt an seine Grenzen*, und die Natur – die menschliche wie die tierische und pflanzliche – gibt uns dies auch immer stärker zu verstehen, wie auf den folgenden Seiten noch deutlicher werden wird.

Lütkehaus' Wendung: „wo Licht totalitär wird" lässt viele mögliche Fortsetzungen zu. Eine davon ist: „da ist das Ende der Nacht für immer erreicht". Eine andere aber ist: „da wird sorgsamer Umgang mit Beleuchtung zu einem Imperativ". Für welche Variante wir uns entscheiden, wird vermutlich noch dieses Jahrhundert deutlich zeigen.

ABBILDUNG 1.14:

Drei Aufnahmen des Nachthimmels, gewonnen mit einem Fischaugenobjektiv bei gleichbleibenden Kamera-Einstellungen. Links: der Nachthimmel über der Mongolei. Bildmitte: der Himmel über einer ländlichen Gegend in Niederösterreich. Rechts: der Himmel über Wien. Die Sequenz kann auch als eine zeitliche Entwicklung aufgefasst werden: Vor weniger als 200 Jahren sah auch der Himmel über Wien noch so aus wie im linken Teilbild dargestellt, vor weniger als 40 Jahren sah er in westlichen Millionenstädten wenigstens noch so aus wie im mittleren Teilbild. Wenn wir nicht gegensteuern, wird auch der Himmel über dünn besiedelten Regionen in naher Zukunft so aussehen wie im rechten Teilbild.

Henri Poincaré [22] bemerkte einmal, die Menschheit wäre nicht dieselbe, wenn am Himmel nachts – etwa durch eine permanente Wolkendecke – keine Sterne sichtbar wären. Abbildung 1.14 gibt einen Eindruck davon, wie dies wäre: auf der linken Seite ist der Nachthimmel samt Milchstraße über einem menschenleeren Landstrich in der Mongolei zu erkennen, rechts der Nachthimmel über einer westlichen Millionenstadt, und zwar ganz ohne Wolken, nur infolge der städtischen Lichtglocke...

Zitierte Literatur:

[1] Spörk, P., 2004, Das Uhrwerk der Natur, Reinbek bei Hamburg

[2] Buchanan, B. W., 2006, Observed and Potential Effects of Artificial Night Lighting on Annuran Amphibians, in: Rich, C. und Longcore, T., Ecological Consequences of Artificial Night Lighting, Island Press, Washington DC, S. 192–220

[3] Rich, C., und Longcore, T., 2006, Introduction, in: Rich/Longcore, Ecological Consequences of Artificial Night Lighting, Island Press, Washington DC, S. 1–13

[4] Seidelmann, P.K. (Hg.), 1992, Explanatory Supplement to the Astronomical Almanac, University Science Books, Mill Valley

[5] Encyclopaedia Britannica, 14. Auflage, 1970, Artikel „Lighting“

[6] Lexikon des Mittelalters, 1980, München, Artikel „Beleuchtung“, Bd. 1, Sp. 1839

[7] Ekirch, R., 2006, In der Stunde der Nacht, Bergisch Gladbach

[8] Mader, S., 2003, Wieviel Licht braucht der Mensch? Ein Blick in die Beleuchtungskultur der Vergangenheit. In: Die Helle Not. Hg. Tiroler Landesumweltanwaltschaft. 2. Aufl., Innsbruck u. Wien.

[9] Popelka, F., 1935, Geschichte der Stadt Graz, 2. Band, Graz

[10] Schlör, J., 1994, Nachts in der großen Stadt. Paris, Berlin, London 1840 bis 1930. München

[11] Curter, M., „Und es ward Licht“, In: „Neues Deutschland“, 28.2./1.3.2009, S. 17

[12] Hough, W., 1900, Histoire de l'eclairage. Extrait des Comptes-Rendus du Congrès International d'Anthropologie et d'Archéologie préhistoriques. XIIe Session, Paris

[13] Palisa, J., 1924, Beobachtungen am 27-zölligen Refraktor, Astronomische Nachrichten 222, S.161–172

[14] Epstein, M., Berlin im Licht. In: Weltbrille 7, 1928. Zitiert nach Schlör, Nachts in der großen Stadt, S. 71

[15] Land, U., 1997, Am Rande der High-Light-Gesellschaft. Lichtbilder von einer Reise in die Dunkelheit. In Geblendete Welt. Der Verlust der Dunkelheit in der High-Light-Gesellschaft. Verlag Evangelischer Presseverband für Baden, Karlsruhe

[16] Nordhaus, W.D., 1997, Do Real-Output and Real-Wage Measures Capture Reality? The History of Ligthing Suggests Not. In: Bresnahan, T.F., und Gordon, R.F. (Hg.), The Economics of New Goods, Chicago und London, S. 29–70

[17] Narisada, K., und Schreuder, D. (Hg.), 2004, Light Pollution Handbook, Dordrecht, S. 133

[18] Ebd., S. 126

[19] Cinzano, P., 2000, The growth of light pollution in North-Eastern Italy from 1960 to 1995, Memorie della Societa Astronomica Italiana 71, S. 159–165

[20] Cinzano, P, et al., 2001, The first World Atlas of the artificial night sky brightness, Monthly Notices of the Royal Astronomical Society 328, S. 689–707

[21] Lütkehaus, L., 2002, Der Ethikrat – Philosophische Hilfestellungen (78. Folge). Diesmal für: Jan Hollan, Astronom, Verdunkler. In: Die Zeit, 18.12.2002, S. 52

[22] Poincaré, H., La Valeur de la Science, Paris 1970, S. 115ff.

Internetquellen:

[W.1] www.wien.gv.at/licht/gesch.htm

[W.2] www.dark-skies.org

www.darksky.org

www.darksky.ch

www.hellenot.org

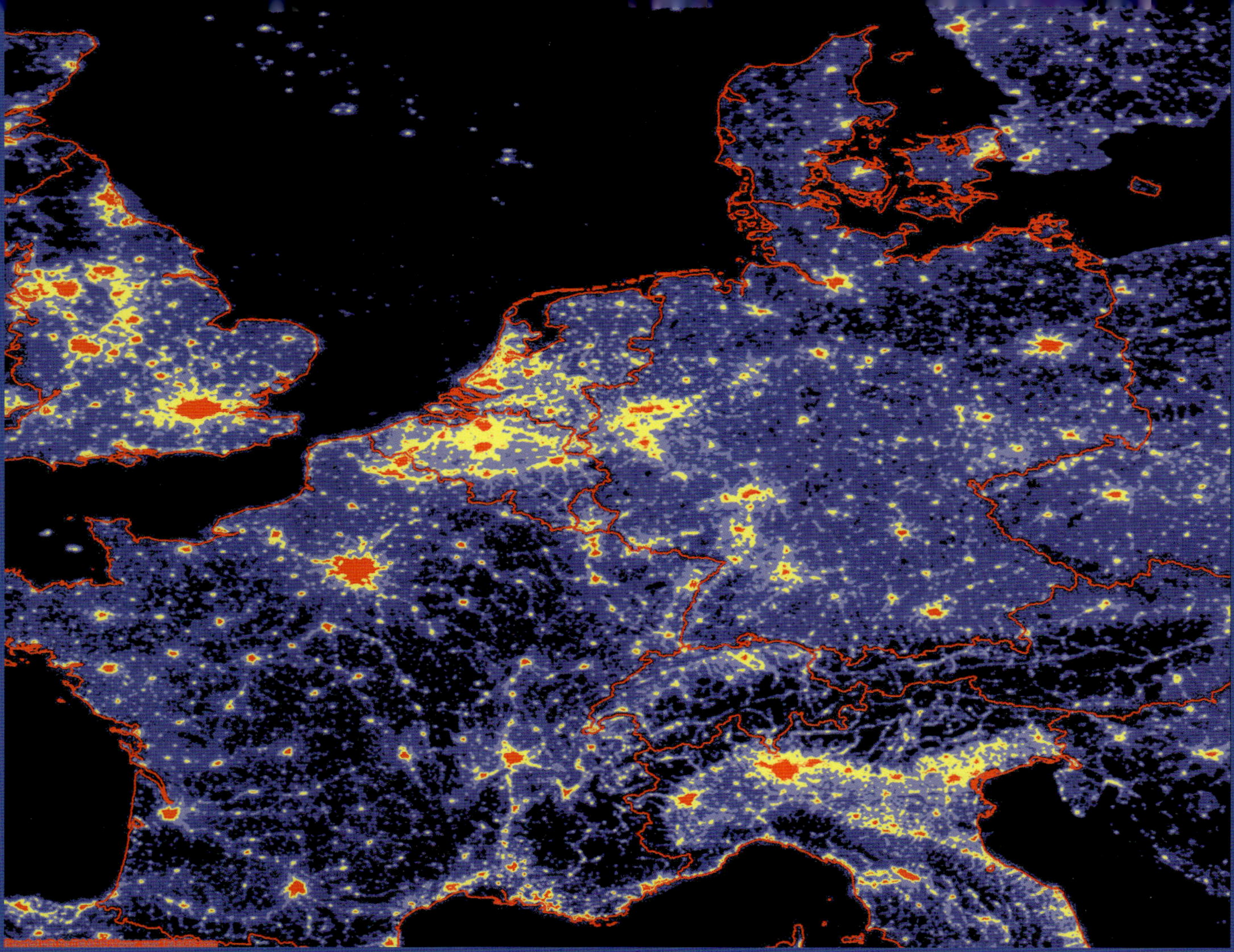

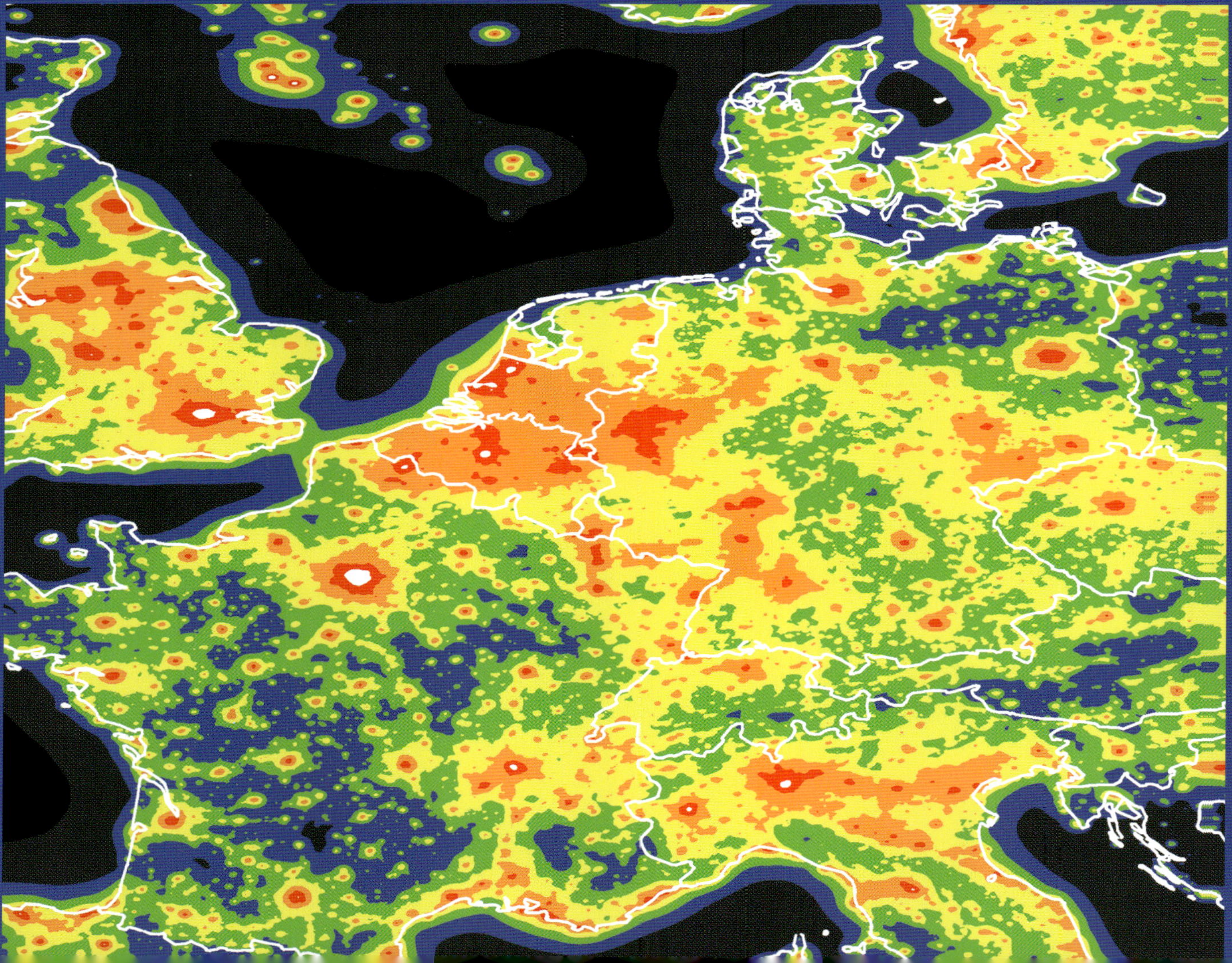

„Was alle wissen, wird von allen vergessen, und gäbe es keine Nacht, wer wüsste noch, was Licht wäre!“

(Friedrich Nietzsche)

2 LICHTVERSCHMUTZUNG IN MITTELEUROPA

von Andreas Hänel

ABBILDUNG 2.1: Die Bilder des direkt nach oben gerichteten Lichtes, wie es die DMSP-Satelliten messen (NOAA, oben), verglichen mit dem Lichtverschmutzungsatlas.

2.1 Wie stark ist der Himmel über Mitteleuropa aufgehellt?

Von vielen an der Natur interessierten Menschen wird beklagt, dass immer weniger Sterne zu sehen sind. Zurückzuführen ist dies auf die zunehmende Aufhellung des Himmels durch künstliche Beleuchtung, weshalb schwächere Sterne im Himmelshintergrund verschwinden. Amateurastronomen beschreiben die Qualität des Himmels mit der Grenzhelligkeit, das ist die Helligkeit der schwächsten, gerade noch sichtbaren Sterne. Diese Sternhelligkeit wird, zurückgehend auf den griechischen Astronomen Hipparch, als Größenklasse, mit dem lateinischen Begriff *magnitudo*, abgekürzt *mag*, bezeichnet. Nach dieser Definition wird sehr hellen Sternen die Größenklasse 1 *mag* zugeordnet, den schwächsten, gerade noch mit bloßem Auge sichtbaren die Größenklasse 6 *mag* (einer kleineren *mag*-Zahl entspricht eine größere Helligkeit und umgekehrt). In den hell erleuchteten Städten sind heute gerade noch Sterne mit 2 *mag* oder 3 *mag* zu sehen. Die Zahl der sichtbaren Sterne geht dabei von etwa 3.000 auf 100 Sterne (und weniger) zurück. Die Bestimmung der Grenzhelligkeit oder der Anzahl der sichtbaren Sterne sind allerdings sehr subjektive Verfahren, die mit vielen Fehlerquellen behaftet sind. Trotzdem wurde versucht, Schüler und die allgemeine Öffentlichkeit in großen Messkampagnen mit der

Bestimmung der schwächsten sichtbaren Sterne für das Problem der Lichtverschmutzung (mitunter auch *Lichtsmog* genannt) zu sensibilisieren (vgl. die Internet-Kampagnen „Globe at Night“ und „Wieviele Sterne sehen wir noch?“).

Entsprechend wird für die Hintergrundhelligkeit eine Größenklasse eines kleinen Quadrats von einer Bogensekunde Kantenlänge am Himmel angegeben, wobei eine Bogensekunde ein kleiner Winkel von 1/3.600 Grad ist. Lichttechnisch entspricht diese Flächenhelligkeit einer Leuchtdichte. Als Anhalt möge dienen, dass bei sehr guten Luftverhältnissen die Sterne die Winkelfläche von einer Quadratbogensekunde ausfüllen. Als Einheit dient $mag/arcsec^2$, der ideal dunkle Himmel hat 21,6 $mag/arcsec^2$, bei Vollmond wird der Himmel auf etwa 17 $mag/arcsec^2$ aufgehellt, in den Städten registrieren wir heute Werte bis zu 14 $mag/arcsec^2$ oder noch größere Helligkeiten.

Bei vielen professionellen astronomischen Beobachtungen kann die Himmelshintergrundhelligkeit automatisch mitbestimmt werden. Doch da die meisten Forschungssternwarten mittlerweile in günstigeren Klimaregionen angesiedelt sind, wo es effizientere Beobachtungsmöglichkeiten gibt (Kap. 1, Abschnitt 1.5), liegen kaum Messungen für Mitteleuropa vor. Dabei wären entsprechende Messungen dringend notwendig, um die Aufhellung des Himmels quantitativ erfassen zu können.

Immerhin sind für einige niederländische Provinzen von Wim Schmidt umfangreiche Messungen erstellt worden. Teilweise liegen diese Messungen in öffentlichen Geoinformationssystemen vor und werden dazu genutzt, um in Naturschutzgebieten Maßnahmen zur Reduzierung der Lichtverschmutzung einzuleiten. Die Provinz Gelderland plant im Naturpark Veluwe mit Hilfe dieser Daten Lichtquellen zurückzubauen oder, falls Beleuchtung notwendig ist, diese durch besser abgeschirmte Leuchten zu ersetzen (Willems, priv. Mitt. [1]).

2.2 Satelliten sehen die Lichter der Erde

Wegen der fehlenden bodengebundenen Messungen wurde versucht, Informationen über die Himmelsaufhellung aus Satellitendaten abzuleiten. Seit den 1970er Jahren werden vom amerikanischen Militär die DMSP (Defense Meteorological Satellite Program)-Satelliten eingesetzt, deren empfindliche Detektoren nächtliche Lichtquellen, beispielsweise Explosionen, nachweisen sollen. Ursprünglich waren die Empfänger nicht kalibrierbar, zudem sind sie so empfindlich, dass sie bei helleren Quellen, wie den Zentren der Großstädte, in die Sättigung geraten. Seit 1992 liegen die Aufnahmen in digitaler Form vor.

Sie erfassen das nach oben gerichtete Licht, das direktes oder beispielsweise an Straßen diffus reflektiertes Licht sein kann.

Der Himmelshintergrund wird durch die Streuung des nach oben und seitlich abgestrahlten Lichtes in der Erdatmosphäre erzeugt. Es wurden aufwändige Modelle entwickelt, die die Streuung des Lichtes in der Atmosphäre beschreiben, sodass die Aufhellung des Himmelshintergrundes berechnet werden kann. Dies haben – wie schon in Kapitel 1 erwähnt – die italienischen Astronomen Pierantonio Cinzano und Fabio Falchi zusammen mit Chris Elvidge und K. Baugh [2] mit den Satellitendaten für 1997 gemacht, da für dieses Jahr kalibrierte Daten für die ganze Erde vorliegen. So konnten sie den ersten Atlas der Lichtverschmutzung erstellen. Darin ist angegeben, um welchen Betrag der Himmel heller als die natürliche Hintergrundhelligkeit erscheint. Mit diesen Daten konnten die Autoren Karten erstellen, die die Hintergrundhelligkeit in Größenklassen pro Quadratbogensekunde, die Grenzhelligkeit oder die durchschnittliche Anzahl der sichtbaren Sterne angeben [3]. Auffällig ist, dass durch die Streuung in der Atmosphäre viel ausgedehntere Gebiete von der Lichtverschmutzung betroffen sind als in den Satellitenbildern, die nur das direkt nach oben gelenkte Licht erfassen. Für Frankreich [4] und Großbritannien sowie Irland [5] wurden diesen Daten Informationen wie Straßen und Städte überlagert und als Karten publiziert, um dunkle Beobachtungsplätze finden zu können. Für Deutschland hat die Fachgruppe Dark Sky der Vereinigung der Sternfreunde e.V. diese Karten als Überlagerung für die Software *GoogleEarth* auf der Internetseite www.lichtverschmutzung.de zur Verfügung gestellt.

Es gibt noch andere Versuche, die Aufhellung des Himmels darzustellen, wie das Modell THOT, das ursprünglich von Michael Bonavitacola (1998) in Frankreich entwickelt wurde und die Bevölkerungsdichte als Ausgangsgröße nutzt. Jedem Einwohner wird eine bestimmte abgestrahlte Lichtmenge zugeordnet, deren Streuung in der Atmosphäre modelliert wird.

Vom wissenschaftlichen Standpunkt aus ist interessant zu wissen, inwieweit die verschiedenen Modelle die tatsächliche Aufhellung des Himmels korrekt darstellen können. Einen Amateurastronomen wird interessieren, wie er sich mit Hilfe solcher Lichtverschmutzungskarten einen dunklen Beobachtungsplatz aussuchen kann.

2.3 Die Messung der Himmelshelligkeit wird einfach

Auch wenn astronomische Helligkeitsmessungen die Himmelshintergrundhelligkeit liefern, ist ihre Bestimmung so aufwändig, dass sie nur von wenigen Amateurastronomen durchgeführt wird. Da ist es sehr hilfreich, dass Doug Welch und Anthony Tekatch ein handliches Gerät entwickelten, das 2005 die kanadische Firma Unihedron auf den Markt brachte. Dieses so genannte Sky Quality Meter (SQM) misst die Himmelshelligkeit über einen breiten Kegel mit einem Winkeldurchmesser von 140° (bei 1 % der Maximalempfindlichkeit). Obwohl die Anschaffungskosten relativ hoch sind, verbreitet es sich unter den Amateurastronomen sehr schnell, da es im Vergleich zu den Grenzhelligkeitsbestimmungen zuverlässigere Messwerte liefert. Wegen des großen Messwinkels von 140° ist es allerdings nur eingeschränkt einsetzbar. Befinden sich helle Lichtquellen oder Bäume im Messwinkel, wird das Ergebnis verfälscht. Bei hellen Lampen wird der Himmelshintergrund heller angezeigt, bei Abschattungen durch Bäume oder Häuser dunkler. Diese Einflüsse sind in dicht besiedelten Gebieten kaum vermeidbar, da dort selten ein entsprechend freier Himmel zu finden ist. Deshalb wurde 2007 das Gerät durch eine Linse so modifiziert (Modell SQM-L), dass der Messwinkel mit 80° deutlich kleiner wurde, was einen universelleren Einsatz ermöglichte.

ABBILDUNG 2.2: Mit den handlichen *Sky Quality Meter SQM* (rechts) und dem *SQM-L* (links) sind Messungen des Himmelshintergrunds auf einfache Weise möglich.

ABBILDUNG 2.3:
Nachtpanorama in südlicher Richtung von der Eisentalhöhe (2.050 m Höhe) im österreichischen Naturpark Nockalm. Die Cirrus-Wolken werden vor allem von den Städten Klagenfurt und Villach angeleuchtet.

Damit lassen sich die Himmelshelligkeiten in größeren Regionen relativ schnell messen. Dies wurde beispielsweise von der ungarischen Nationalparkverwaltung in zwei Nationalparks (Zselic und Hortobágy) angewendet, die zu Gebieten zum Schutz des dunklen Himmels erklärt wurden. Dort durchgeführte umfangreiche Messungen ermöglichen es, entsprechende Maßnahmen zur Reduzierung der Lichtverschmutzung einzuleiten [6].

Auch in verschiedenen Naturschutzgebieten Mitteleuropas konnten Messreihen gewonnen werden. Der südfranzösische Naturpark Camargue erscheint auf den Satellitenbildern relativ dunkel, doch die Lichtverschmutzungskarte von Cinzano zeigt eine relativ hohe Hintergrundhelligkeit, was die Messungen bestätigten. Verantwortlich sind die umliegenden großen Städte Marseille, Montpellier und Nimes, die trotz ihrer teils großen Entfernung erheblich zur Aufhellung des Himmels beitragen.

Auch in den Alpen sind die Einflüsse dichter Besiedlung oft spürbar. Zwar werden durch große Höhen (beispielsweise Gornergrat oder Großglockner) bei sehr guter Durchsicht der Luft fast natürliche Hintergrundhelligkeiten beobachtet, doch die Lichter der tiefer liegenden umgebenden Ortschaften werden nur bei tief hängender Wolkendecke oder Nebel effektiv abgeschirmt. So konnte in 11 km Entfernung von Villach mit 59 000 Einwohnern trotz 1.780 m Höhe nur 21,0 $mag/arcsec^2$ beobachtet werden.

Auf den Satellitenkarten erscheint der Naturpark der Nockberge als besonders dunkel. Immerhin konnte an der im Naturpark liegenden Eisentalhöhe (2.050 m) mit 21,65 $mag/arcsec^2$ natürliche Hintergrundhelligkeit gemessen werden. Doch das Streulicht der Städte Klagenfurt, Villach und Spittal in Kärnten hellt den Himmel in Horizontnähe merklich auf.

Auch in Deutschland kann kaum noch die natürliche Himmelshintergrundhelligkeit beobachtet werden. Selbst wenn sie im Zenit erreicht werden sollte, am Horizont sind überall die Lichtglocken von Siedlungen sichtbar. In ausgedehnten Schutzgebieten wie dem Naturpark Eifel mit dem zentralen Nationalpark erscheint der Himmel nur an wenigen Orten mit 21,2 $mag/arcsec^2$ etwa 45 % heller als der natürliche Hintergrund. Dennoch gibt es dort interessante Beobachtungsplätze, da sie aus den dicht besiedelten Gebieten an Rhein und Ruhr leicht erreichbar sind.

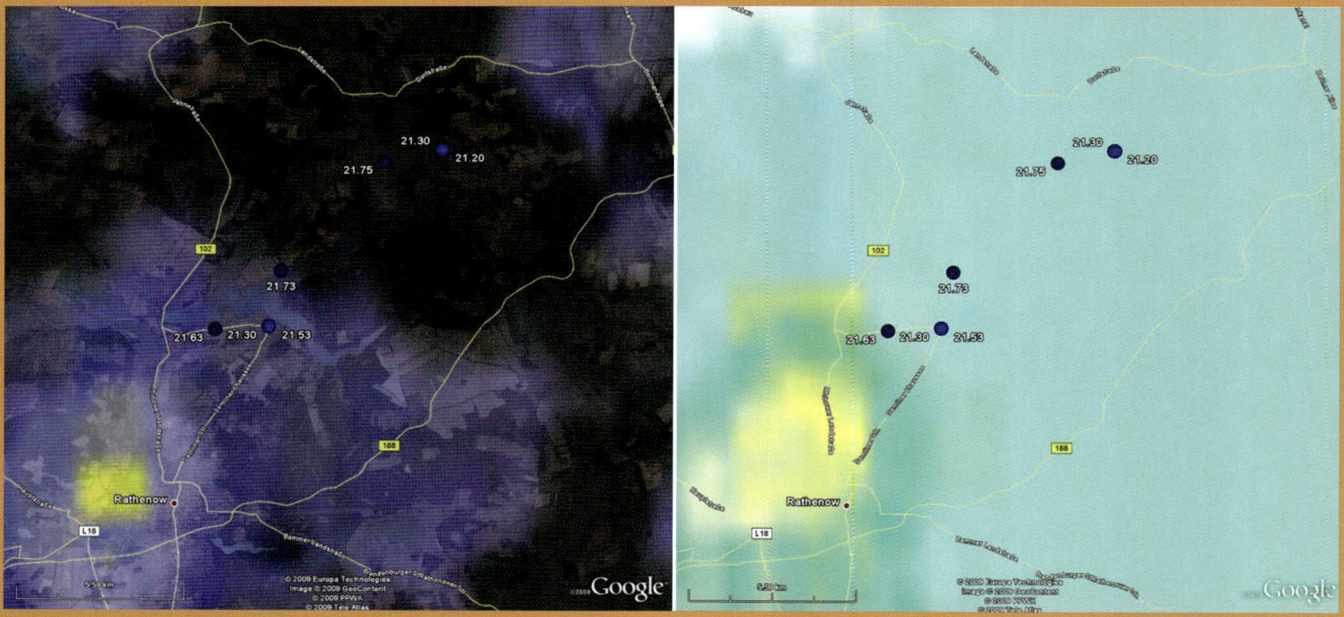

ABBILDUNG 2.4:

Oben die Lichtglocke von Berlin aus 70 km Entfernung über dem Hohennauener See.

Unten Ergebnisse von Messungen der Himmelshintergrundhelligkeit im Westhavelland, mit Hilfe des Programms GoogleEarth den DMSP-Daten aus dem Jahr 2002 überlagert (links) sowie in die Karte der Himmelshintergrundhelligkeit von Cinzano et al. [3] eingetragen (rechts).

Die Satellitenkarten zeigen, dass einige Gebiete in den Bundesländern Brandenburg und Mecklenburg-Vorpommern westlich und nördlich von Berlin zu den dunkelsten Gebieten in Deutschland gehören müssten. Tatsächlich konnte im Frühjahr 2009 im Naturpark Westhavelland etwa 15 km nordöstlich von Rathenow 21,7 *mag/arcsec*^{2} und damit noch natürliche Himmelshintergrundhelligkeit gemessen werden. Diese Beobachtungsgegend wurde mit Hilfe der Karten von Cinzano et al. [2] und der DMSP-Karte von 2002 ausgesucht. Dabei zeigte sich, dass beide Karten zur Aufsuche dunkler Beobachtungsorte geeignet sind, wobei die DMSP-Karten die kleinräumigen Strukturen besser erfassen. Obwohl der Beobachtungsort rund 70 km westlich von Berlin lag, ist die Lichterglocke über der Stadt deutlich zu sehen. Es ist wichtig, solche dunklen Beobachtungsorte insbesondere in geschützten Gebieten zu erhalten, damit den Menschen und speziell den Jugendlichen noch die Chance gegeben wird, einen natürlich dunklen Sternenhimmel zu erleben.

Dem Schutz des nächtlichen Himmels hat sich besonders die Initiative *Starlight* verschrieben, die vor allem vom La Palma Biosphärenreservat und dem Astrophysikalischen Institut der Kanaren initiiert wurde. Im Anschluss an eine wissenschaftliche Tagung im Jahre 2007 wurde eine Deklaration zum Schutz des nächtlichen Himmels von zahlreichen nationalen und internationalen Organisationen unterzeichnet. Zwei Jahre später, im Internationalen Jahr der Astronomie, wurden konkretere Empfehlungen und Kriterien für unterschiedliche Schutzgebiete für den Sternenhimmel verabschiedet (www.starlight2007.net).

2.4 Wie nimmt die Lichtverschmutzung zu?

Da es keine simultanen Messungen der Himmelshelligkeit an mehreren Standorten gibt, ist es auch nicht verwunderlich, dass keine Messungen der zeitlichen Änderungen existieren. Lediglich die Messungen von Cinzano in Norditalien deuten auf einen jährlichen Zuwachs von 10 % hin (Kap. 1, Abschnitt 1.4). Ein weiterer Hinweis auf die Zunahme der Himmelshelligkeit ist die Abnahme der Grenzhelligkeit. Diese hat ein erfahrener Beobachter von veränderlichen Sternen, Harald Marx, in Stuttgart beobachtet. Danach nahm die Grenzhelligkeit von 1958 von 5,6 *mag* bis 1997 auf 5,0 *mag* ab, die Zahl der sichtbaren Sterne halbierte sich dadurch.

Einen weiteren Hinweis auf die Zunahme des künstlichen Lichts geben die Daten der DMSP-Satelliten. Zunächst wurden vom NOAA, der Behörde für die Untersuchung der Ozeane und der Atmosphäre der USA, nur die Daten für die Jahre 1992/93 und 2000 zur Verfügung gestellt. Basierend auf diesen Daten hat die Campaign to Protect Rural England (CRPE 2003), die Kampagne zum Schutz des Ländlichen Englands, zusammen mit der Britischen

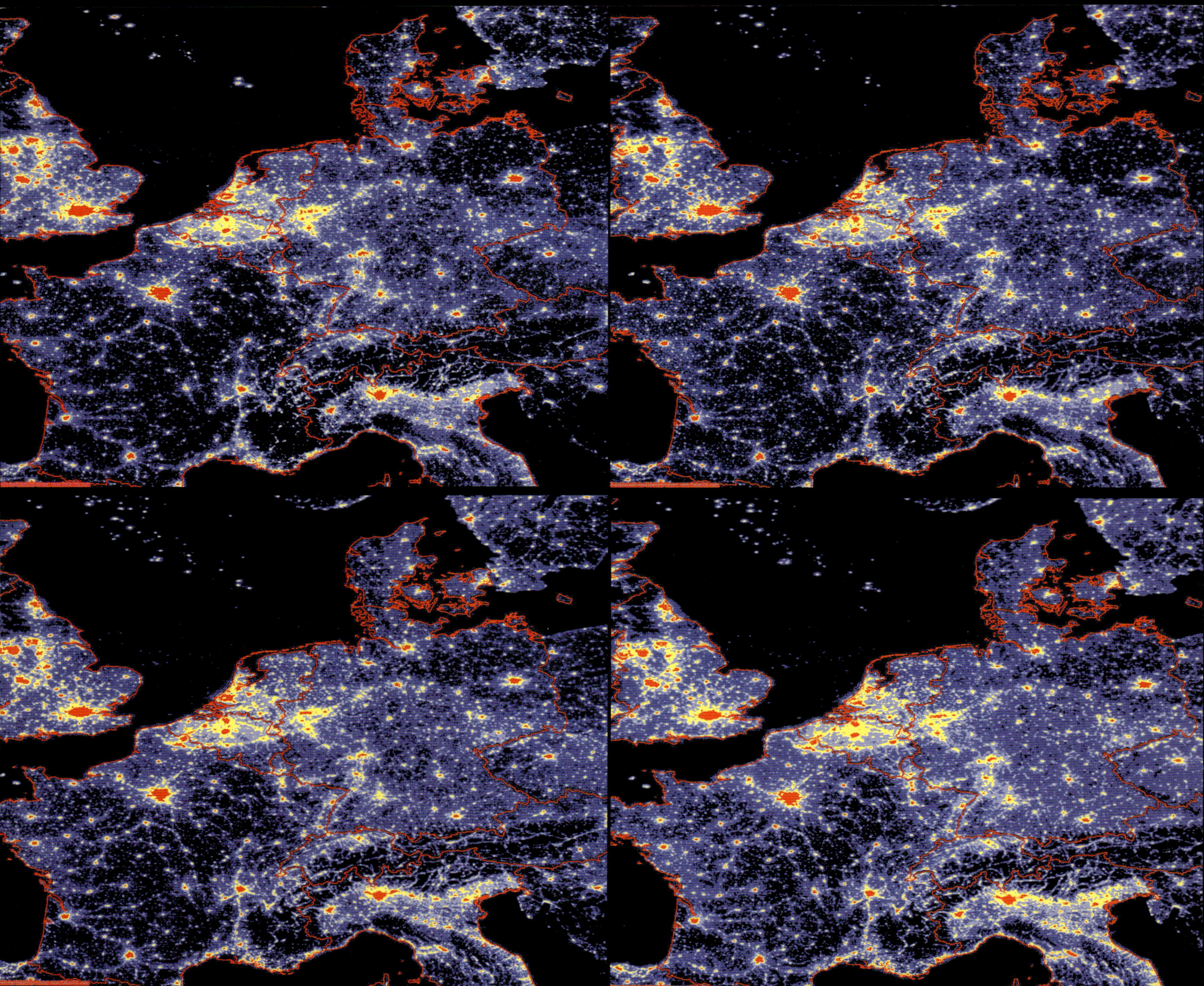

ABBILDUNG 2.5:
Die DMSP-Daten (NOAA) für die Jahre 1993, 1997, 2000 und 2002 wurden mit einer ähnlichen Farbskala dargestellt wie in der englischen Studie *Night Blight!*

Astronomischen Vereinigung BAA eine Broschüre über die zunehmende Lichtverschmutzung in England unter dem Titel „*Night Blight!*" (Nachtblind) veröffentlicht. Darin sind die Satellitenbilder eingefärbt und zeigen deutlich, wie das nächtliche Kunstlicht zugenommen hat, im Vereinigten Königreich nahm die Helligkeit des Himmels über 24 % der Landesfläche zu.

Nach diesem Vorbild wurden die Daten für Zentraleuropa aufbereitet, und nachdem die NOAA im Jahre 2005 aufbereitete Daten für jedes Jahr zwischen 1993 und 2003 zur Verfügung gestellt hatte (NOAA), wurden sie auch für diese Jahre erstellt (Hänel 2006). In den großen Städten sind kaum Änderungen erkennbar, da die Empfänger der Satelliten durch die hohen Intensitäten ohnehin in der Sättigung sind. Deutlich fallen jedoch die Zunahmen um die Städte auf, die Lichter wachsen aus den Städten hinaus. Auch in Gebieten, die auf den älteren Aufnahmen noch dunkel waren, haben sich die Lichtquellen immer weiter ausgedehnt. Die Ursachen dafür wurden bereits in Kapitel 1.3 benannt, doch an diesen Aufnahmen ist erkennbar, dass die Aufhellung vor allem mit dem zunehmenden Flächenverbrauch einhergeht. In Deutschland beträgt die tägliche Zunahme des Flächenverbrauchs trotz erheblicher Eindämmungsversuche etwa 115 Hektar, was jährlich mehr als der Fläche von München entspricht. Da dies vor allem auf Verkehr, Industrie- und Wohnflächen zurückzuführen ist, muss mit einer entsprechenden Zunahme der Beleuchtung gerechnet werden.

Weitergehende, insbesondere quantitative Interpretationen der Satellitenbilder sind allerdings schwierig, da sie nicht kalibriert sind und lediglich einen Eindruck geben können.

2.5 Wie kann die Lichtverschmutzung reduziert werden?

Nach alledem stellt sich die Frage, wie die Lichtverschmutzung effektiv reduziert werden kann, ohne die vielen sinnvollen Aufgaben der Beleuchtung einzuschränken. Während die Ursachen für die Lichtverschmutzung selten diskutiert werden, spielt die Energieeffizienz der Beleuchtung eine wesentlich wichtigere Rolle und war beispielsweise ein Kriterium für den vom deutschen Ministerium für Umwelt, Naturschutz und Reaktorsicherheit im Jahr 2008 ausgelobten Wettbewerb „Energieeffiziente Stadtbeleuchtung“. Bei strenger Auslegung sollte die energieeffizienteste Beleuchtung gleichzeitig auch diejenige mit der geringsten Lichtimmission sein, da versucht wird das Licht dorthin zu lenken, wo es benötigt wird, etwa auf die Verkehrsfläche.

Konventionell besteht eine Leuchte aus dem Leuchtenkörper und dem Leuchtmittel. Diese Trennung wird erst durch die modernen Leuchten mit Leuchtdioden aufgehoben.

2.5.1 Die Leuchtenkörper

Der Leuchtenkörper hat die Aufgabe, das Leuchtmittel („die Lampe“) aufzunehmen, zu schützen und das emittierte Licht zu lenken, wobei diese Aufgabe als letzte eine größere Bedeutung erlangt hat. Störende Lichtemissionen, die auch als Lichtimmissionen bezeichnet werden, können durch Reflektoren reduziert oder vermieden werden. Statt

ABBILDUNG 2.6:
Der Blick aus einer Höhe von 400 m oberhalb auf die Stadt Villach in Kärnten zeigt vor allem nicht abgeschirmte Straßenleuchten.

unnütz auf Häuserfronten und in Fenster zu strahlen, kann die Straße besser ausgeleuchtet werden. Dabei ist allerdings darauf zu achten, dass möglichst wenig Licht in der Horizontalen abgegeben wird. Verschiedene Modellrechnungen (von Garstang, Cinzano, Aubé u.a.) haben gezeigt, dass besonders das horizontal emittierte Licht lange Streuwege in der Atmosphäre hat und damit verstärkt zum Lichtsmog beiträgt. Voll abgeschirmte Leuchten, die kein Licht oberhalb der Horizontalen abstrahlen, reduzieren den Lichtsmog am effektivsten.

Dazu müssen die Leuchten exakt horizontal montiert werden, denn gerade die oft praktizierte Lösung, Leuchten geneigt zu montieren, bewirkt, dass Licht ungenutzt in den der Leuchte gegenüber liegenden Raum emittiert wird.

Zumindest bei modernen Leuchten mit asymmetrischen Spiegeloptiken ist eine geneigte Montage nicht mehr notwendig. Voll abgeschirmte Leuchten tragen zudem effektiv zu einer Reduzierung der Blendung bei. Gerade moderne Entladungslampen mit Keramikbrennern und klaren Kolben erzeugen eine hohe Leuchtstärke in einem sehr kleinen Volumen,

wodurch sie stark blendend wirken. In den neuen Normen zur Straßenbeleuchtung (DIN EN 13201) entsprechen voll abgeschirmte Leuchten der Lichtstärkeklasse G6.

ABBILDUNG 2.7: Ein Blick aus 360 m Höhe auf die Stadt Santa Cruz de La Palma, wo durch eine strenge Gesetzgebung zum Schutz der dortigen Sternwarte die Leuchten voll abgeschirmt sein müssen. Dadurch sieht man vor allem das von den Straßen reflektierte Licht.

2.5.2 Die Leuchtmittel

Während klassische Glühlampen wegen ihrer geringen Effizienz und kurzen Lebensdauer in der Straßenbeleuchtung keine Rolle spielen, gibt es in manchen Städten noch eine erhebliche Anzahl Gasleuchten, die allerdings noch ineffizienter sind. Allein in Berlin soll es 43.000 Gasleuchten geben, in Düsseldorf 18.000 und in Frankfurt 5.800.

Die oft genutzten Quecksilberdampf-Hochdrucklampen sind wegen ihrer geringen Energieeffizienz von der Europäischen Kommission im Rahmen ihrer Ökodesign-Richtlinie ab 2015 verboten. Bei Beleuchtungsingenieuren unbeliebt sind die Natriumdampf-Niederdrucklampen, die die höchste Energieeffizienz mit bis zu 180 Lumen/Watt haben. Sie strahlen nur das tief gelbe Licht der Natriumlinien bei Wellenlängen von 589 nm ab, durch ihr

ABBILDUNG 2.8:
Immissionen in den gegenüberliegenden Raum durch eine geneigt montierte moderne Leuchte mit Halogen-Metalldampflampe.

monochromatisches Licht ist das Erkennen von Farben erschwert. Allerdings gibt es eine Untersuchung von Boynton & Purl [7], die zeigt, dass bereits bei geringen Weißlichtanteilen von 10%, wie sie meist durch Werbebeleuchtung oder die Autoscheinwerfer vorhanden sind, das Farbenerkennen schon möglich ist. Die großen Dimensionen dieser Lampen bewirken geringere Leuchtdichten und damit weniger Blendung, erschweren allerdings eine Lichtlenkung. Da sie kein Quecksilber enthalten, sind sie zudem besonders umweltfreundlich.

Durch technische Weiterentwicklungen hat sich die Natriumdampf-Hochdrucklampe mit einer Effizienz von 120 Lumen/Watt und langer Lebensdauer als ökonomischstes Leuchtmittel etabliert. Das hellgelbe Licht erstreckt sich über einen breiteren Spektralbereich, wodurch das Farberkennen etwas besser ist. Erreicht wird dies durch eine Druckverbreiterung der Natriumlinien und Beimischungen anderer Gase.

Dennoch besteht vor allem bei Planern oft der Wunsch nach weißem Licht. Dieses wird zunehmend durch Halogen-Metalldampflampen erzeugt, die inzwischen eine ähnliche

Energieeffizienz wie die Natriumdampf-Hochdrucklampe erreichen, aber meist eine kürzere Lebensdauer und erheblich höhere Anschaffungskosten haben.

Dadurch, dass weiße Lichtquellen stärker die nachtempfindlichen Sehzellen (die Stäbchen) ansprechen als gelbe, wirken sie wesentlich störender bei astronomischen Beobachtungen, bei denen die Stäbchen benutzt werden. Nach Untersuchungen von Duriscoe et al. [8] wird der Himmelshintergrund durch weißes Licht etwa 4-mal stärker aufgehellt als durch das gelbe Licht der Natriumdampf-Hochdrucklampe. Zudem werden die blauen Anteile des weißen Lichts etwa 2 ½-mal stärker gestreut als die gelben, weshalb ja auch an einem klaren Tag der Himmel blau erscheint.

LEDs sind Leuchtdioden, dabei emittieren Halbleiterbausteine Licht durch Strom. Während sie schon lange als Signallampen eingesetzt werden, sind die LEDs erst in den letzten Jahren

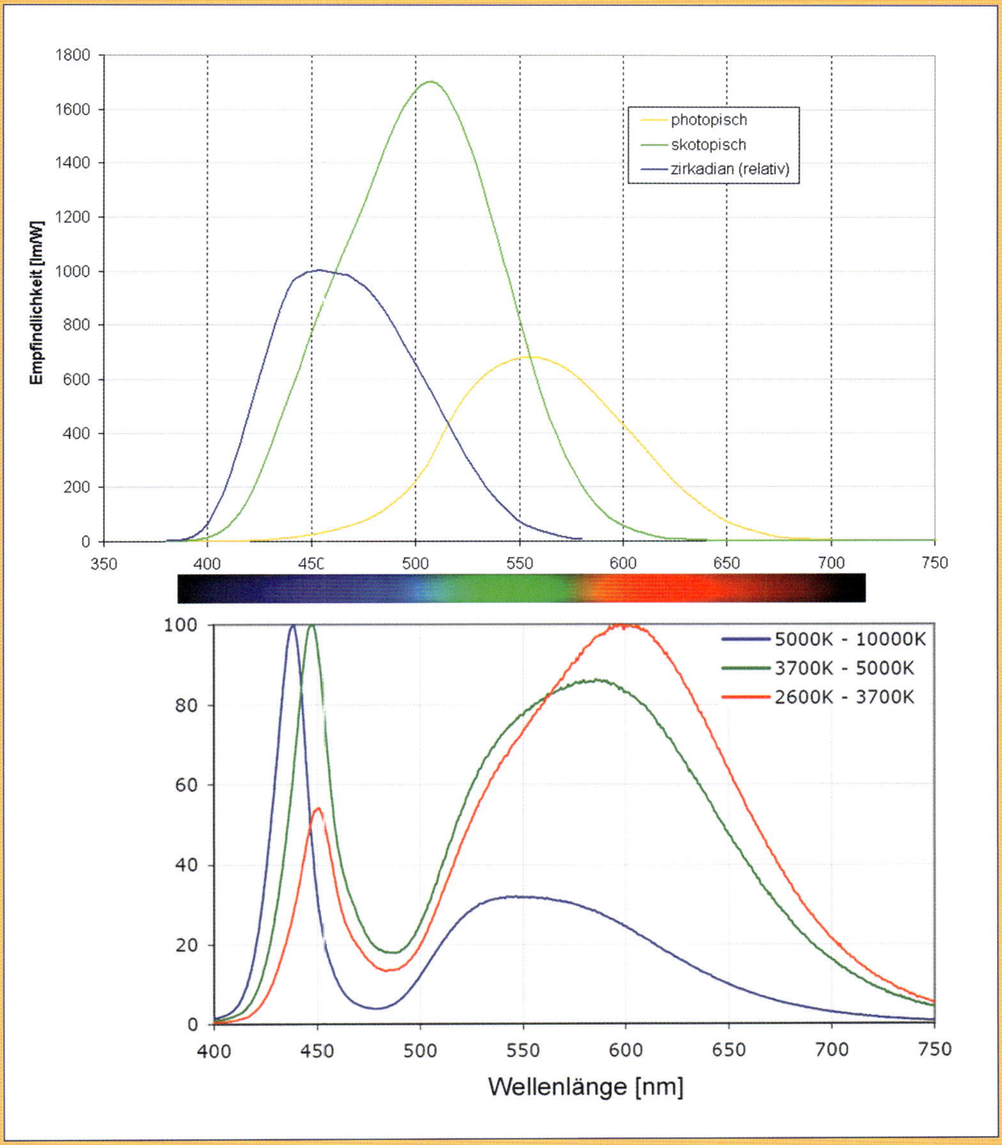

ABBILDUNG 2.9: Die spektralen Empfindlichkeitsverteilungen der verschiedenen Sehzellen des menschlichen Auges. Grün sind die nachtsichtigen Stäbchen für das sog. skotopische Sehen, gelb die unempfindlicheren, aber dafür farbempfindlichen Zapfen für das Tagsehen, blau ist die Empfindlichkeit der Zellen, die den Tag-/Nachtrhythmus steuern (nach [9]). Darunter die Empfindlichkeitsverteilung von weißen LEDs unterschiedlicher Farbtemperaturen.

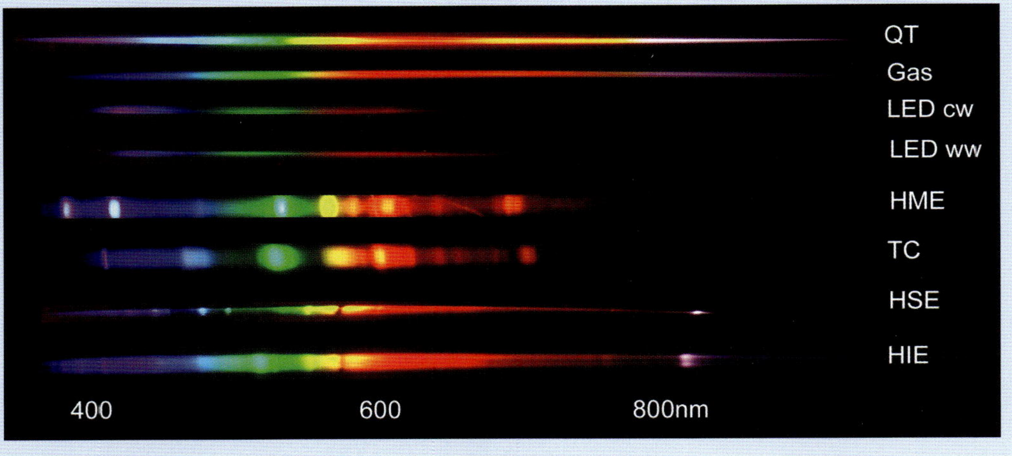

ABBILDUNG 2.10:

Spektren verschiedener Leuchtmittel: QT Halogenstrahler, mit einer typischen Planckschen Strahlungsverteilung, der nahe Infrarot (IR)-Bereich (ca. 700-900 nm) wird orange-gelb und dann lila wiedergegeben, entsprechend der Empfindlichkeitsverteilung der Bildelemente (Pixel). Deutlich ist der hohe Anteil der als Wärme ungenutzt abgegebenen Strahlung auch im nahen IR zu erkennen. Gas: die Gasleuchten im vorderen Bereich des Fleher Deichs emittieren ebenfalls wie ein Planckscher Strahler, wobei deutlich weniger Strahlung im nahen IR abgegeben wird, das Licht ist eher sonnenähnlich. LEDs (cw = kaltweiß, ww = warmweiß) emittieren kaum Strahlung in anderen als den sichtbaren Wellenlängenbereichen. Auch die Quecksilberdampf-Hochdruckdampflampen (HME) und Leuchtstoffröhren (TC, die eigentlich Quecksilberdampf-Niederdrucklampen sind) haben einige schwache Emissionslinien im ganz nahen IR-Bereich. Die Natriumdampf-Hochdrucklampe (HSE) und die Halogen-Metalldampflampe (HIE) emittieren vor allem im sichtbaren Bereich, haben aber noch eine starke IR-Linie bei 719,5 nm. Die Spektren wurden mit einem Transmissionsgitter vor einer digitalen Spiegelreflexkamera aufgenommen, sie sind weder exakt wellenlängen- noch intensitätskalibriert.

so hell geworden, dass sie auch zu Beleuchtungszwecken eingesetzt werden können. Oft werden sie als ein Allheilmittel angesehen: Sie sind bei ordnungsgemäßem Gebrauch wesentlich länger haltbar als die konventionellen Leuchtmittel, die Lichtfarben sind in weitem Rahmen frei wählbar, von den Dimensionen sind sie sehr klein, damit sind nicht so hohe Anforderungen beispielsweise an die Statik der Masten stellen. Das Argument, dass sie energiesparend seien, ist zumindest im Jahre 2009 nur eingeschränkt gültig, da sie noch nicht die Effizienz der Natriumdampf-Hochdrucklampen erreichen. Durch die versprochene lange Lebensdauer von 15 und mehr Jahren können sie im Unterhalt kostengünstig betrieben werden.

Der Vorteil von LEDs liegt darin, dass sie einen relativ eng begrenzten Ausstrahlungswinkel haben. In Leuchten werden normalerweise mehrere einzelne Hochleistungs-LEDs eingebaut, eine Trennung zwischen Lampe und Leuchte ist nicht mehr notwendig, die Lichtausstrahlung kann durch die Anordnung der einzelnen LEDs gesteuert werden. Das Licht lässt sich sehr gut lenken und Streulicht – und damit Lichtverschmutzung – vermeiden. Die weiße Farbe der Hochleistungs-LEDs wird dadurch erzeugt, dass das Licht einer blauen LED durch ein Konvertermaterial auf den gesamten Spektralbereich ausgedehnt wird. Dabei sind unterschiedliche Weißtöne von kaltweiß (Farbtemperatur 6.500 K) bis warmweiß (unter 3.000 K) erzeugbar. Auffällig ist der hohe Anteil blauen Lichts, wobei die maximale Emission bei einer Wellenlänge von 460 nm liegt, während sie im Grünblauen bei 500 nm, wo das nachtsichtige Auge („skotopisch") am empfindlichsten ist, wenig Licht aussenden.

Erste Installationen eines Testmodells in Deutschland wurden Ende 2007 in Düsseldorf am Rheinufer errichtet, dort wurden für Test- und Vergleichszwecke (Kap. 3) auch andere Leuchten- und Lampentypen eingesetzt. Weitere Teststrecken wurden in Hannover eingerichtet. Die Stadtwerke Hannover installierten Ende 2008 mehrere LED-Leuchten, die von einigen Firmen bereits in Serie produziert wurden, um sie unter praxisnahen Bedingungen zu testen.

Die Weißlicht-LEDs senden gerade in den blauen Wellenlängenbereichen besonders viel Licht aus, wo die zirkadianen Sehzellen, die den Tag-Nacht-Rhythmus steuern, ein Empfindlichkeitsmaximum haben. Dies könnte ein gesundheitliches Problem darstellen, da dadurch der Schlaf des Menschen verstärkt gestört werden könnte (mehr darüber in Kap. 7). Aus dem Grunde sollten bevorzugt warmweiße LEDs mit einer Farbtemperatur von unter 3.000 K eingesetzt werden. Ohnehin wird warmweißes Licht von den meisten Menschen als wesentlich angenehmer empfunden.

Dadurch, dass LEDs schnell angeschaltet werden können, bieten sie einen weiteren Vorteil gegenüber den konventionellen Lampen. Sie können bedarfsorientiert eingesetzt werden: Wenn in den späten Nachtstunden kaum Menschen unterwegs sind, kann die Helligkeit abgesenkt und bei Bedarf durch Bewegungsmelder oder Telemetrie-Signale dann heller geschaltet werden. Solche Systeme werden bereits verschiedentlich getestet, etwa im französischen Toulouse oder am Flughafen Münster/Osnabrück. Dadurch könnten nochmals erhebliche Energiemengen eingespart und die Lichtverschmutzung effektiv begrenzt werden.

2.5.3 Regelungen gegen Lichtverschmutzung

Im Freiraum wird vor allem die Beleuchtung der Straßen geregelt. Europaweit gilt die Norm EN 13201, die Mindestbeleuchtungsstärken bzw. –leuchtdichten vorgibt. Danach liegen typische Beleuchtungsstärken bei 25 Lux auf Hauptstraßen und 3–10 Lux auf Nebenstraßen. Insbesondere Nebenstraßen sind in Deutschland oft schwächer beleuchtet, nicht selten sogar unter 1 Lux, was aber durchaus als ausreichend empfunden wird und immer noch viermal heller als das Vollmondlicht ist. Obere Grenzwerte sind allerdings nicht festgelegt.

ABBILDUNG 2.11:

LED- und andere Leuchten am Fleher Deich in Düsseldorf, aufgenommen von einer benachbarten Rheinbrücke aus. Deutlich sind die unterschiedlichen Farbtemperaturen der Leuchten erkennbar: im Vordergrund eine Natriumdampf-Hochdrucklampe, dahinter eine Halogen-Metalldampflampe, dann eine Quecksilberdampflampe, wiederum eine Natriumdampf-Hochdrucklampe, dann eine warmweiße LED, die Dunkelzone einer ausgefallenen LED-Leuchte und dann der von den kaltweißen (blauen) LEDs beleuchtete Weg. Außerdem fällt auf, dass die blauen LEDs im Hintergrund ihr Licht wesentlich stärker auf die Verkehrsfläche konzentrieren. Links ist der Rhein.

Für nichtöffentliche Beleuchtung definiert die Lichtimmissions-Richtlinie in Deutschland Obergrenzen, die in reinen Wohngebieten bei 1 Lux senkrecht auf ein Schlafzimmerfenster liegen. Für die Streuung des Lichtes, den Lichtsmog, gibt es allerdings noch keine Einschränkungen.

Schärfere Gesetzgebungen gibt es in einigen italienischen Regionen und seit 2007 in Slowenien, wo zur Reduzierung des Lichtsmogs voll abgeschirmte Leuchten vorgeschrieben werden, die kein Licht seitlich abstrahlen, zudem wird die Leuchtdichte angestrahlter Flächen begrenzt.

ABBILDUNG 2.12:
Serienleuchten, die in Hannover eingesetzt wurden. Hier ist deutlich die bessere Lichtlenkung gegenüber den Natriumdampf-Hochdruckleuchten im Hintergrund erkennbar. Bei festgelegten Kamera- und Objektivdaten wurde die Kamera kalibriert. Damit kann eine ungefähre Leuchtdichteverteilung der Szene dargestellt werden: blau: 0,5 cd/m^2 (Candela/Quadratmeter), lila: 1 cd/m^2, grün: 2 cd/m^2 (unten).

Eine möglichst energieeffiziente Beleuchtung sollte auch eine solche sein, die möglichst wenig Lichtverschmutzung erzeugt, da das Licht an den Stellen und zu den Zeiten eingesetzt wird, wo es wirklich gebraucht wird. Der Wettbewerb „Energieeffiziente Stadtbeleuchtung" benutzte als Kennzahlen für die Energieeffizienz den Energieverbrauch pro Kilometer und Jahr für verschiedene Straßen. Dabei waren allerdings relativ hohe Grenzwerte definiert, obwohl es durchaus Leuchten gab, die mit einem Drittel der Energie eine normgerechte Beleuchtung erzeugt hätten. Um die Lichtverschmutzung einzudämmen, wären allerdings Kennzahlen mit dem Lichtstrom sinnvoller, da damit die zunehmende Lichtausbeute der Lampen berücksichtigt wird.

Eine Begrenzung der Lichtmenge von Werbebeleuchtungen und der öffentlichen Beleuchtung erscheint wegen einer fundamentalen Eigenschaft des Auges notwendig. Das Sehorgan kann sich relativ schnell von Dunkelheit an helles Licht anpassen. Für den Übergang von hellem Licht zur Dunkelheit benötigt das Auge allerdings längere Zeit, bis es seine optimale Sehfunktion erlangt. Bei astronomischen Beobachtungen kann die Dunkeladaption erst nach einer halben Stunde erreicht sein. Ähnliches gilt für die nächtliche Beleuchtung: Blickt man in eine helle Lichtquelle, ist man geblendet und das Auge benötigt längere Zeit, um sich wieder an schwächeres Licht zu gewöhnen. Dadurch entsteht der Wunsch, dunklere Bereiche noch heller auszuleuchten, wodurch ein „Wettrüsten" mit Beleuchtung ausgelöst wird. Um die Dunkeladaption des menschlichen Auges zu schützen, sollten die Leuchtdichten begrenzt und ein verantwortungsvoller Umgang mit Licht praktiziert werden. Dadurch sind zugleich erhebliche Energieeinsparungen möglich.

Zitierte Literatur:

[1] Willems, H., 2005: Veluwe – Dark and quiet, Vortrag beim 5th European Symposium for the Protection of the Night Sky in Genk.

[2] Cinzano, P., Falchi, F., Elvidge, C. D., Baugh, K. E., 2000, The artificial night sky brightness mapped from DMSP satellite Operational Linescan System measurements. Monthly Notices of the Royal Astronomical Society 318, S. 641–657.

[3] Cinzano, P., Falchi, F., Elvidge, C. D., 2001, Naked eye star visibility and limiting magnitude mapped from DMSP-OLS satellite data. Monthly Notices of the Royal Astronomical Society 323, S. 34–46.

[4] Ciel & Espace: Les meilleurs endroits pour observer le ciel. Beilage zu Ciel & Espace 386, Juillet 2002, Paris.

[5] Philip's Dark Skies Map, Britain & Ireland, London, 2004.

[6] Kolláth, Z., Pintér, A., Szegvári, Z., Kránicz, B., 2008, Effects of artificial lights in the Zselic Landscape Protection Area, Poster, 8th European Symposium for the Protection of the Night Sky, Wien.

[7] Boynton, R. M., Purl, K. F., 1989, Categorical colour perception under low-pressure sodium lighting with small amounts of added incandescent illumination, Lighting Research Technology 21, S. 23–27.

[8] Duriscoe, D. M., Luginbuhl, C. B., Moore, C. A., 2007, Measuring Night-Sky Brightness with a Wide-Field CCD Camera. Publications of the Astronomical Society of the Pacific 119, S. 192–213.

[9] Gall, D., 2004, Die Messung circadianer Strahlungsgrößen. Ilmenau.

Internetquellen:

Bonavitacola, M., 1998, Le programme Thot, Deuxième Congrès National de protection de l'environnement nocturne, p. 249: http://www.astrosurf.com/anpcn/congres/cong02.pdf

Bundeswettbewerb Energieeffiziente Stadtbeleuchtung, 2009: Sammlung energieeffizienter Techniken: http://www.bundeswettbewerb-stadtbeleuchtung.de

Campaign to Protect Rural England 2003, *Night blight!*, London: http://www.cpre.org.uk

Cinzano, P., Falchi, F., Elvidge, C. D., Baugh, K. E., 1999, The artificial night sky brightness in Europe from DMSP satellite measurements: The situation of the night sky in Italy in the last quarter of the century: http://www.lightpollution.it/cinzano/download/9905340.pdf

Defense Meterological Satellite Program: http://www.ngdc.noaa.gov/dmsp/

Fachgruppe Dark Sky der Vereinigung der Sternfreunde e.V.:

http://www.lichtverschmutzung.de

Globe at night: http://www.globe.gov/GaN

Hänel, A. 2006: The change of light pollution in central Europe as documented in satellite data, Proceedings 6th European Dark Skies Symposium, Portsmouth, UK http://www.britastro.org/dark-skies/cfds2006/proceedings.pdf

Schmidt, Wim: http://www.sotto.nl/recent.html

Starlight-Initiative: http://www.starlight2007.net

Unihedron-Homepage: http://www.unihedron.com

Wieviele Sterne sehen wir noch? http://sternhell.at

ABBILDUNG 3.1:

Abendhimmel mit Lichtfalle an einer Straßenleuchte. Nach einsetzender Dunkelheit starten die Nachtfalter zu ihren Flügen zum Besuch von Blüten; Männchen und Weibchen schwirren herum, um einen Partner zu finden. Die gezeigte Auswahl an Nachtfaltern stammt von Lichtfängen in der Landschaft von Rheinhessen.

ABBILDUNG 3.2a:

Rasterelektronenmikroskopische Aufnahme des Kopfes einer Stechmücke mit dem Komplexauge. Seine Oberfläche besteht aus dicht stehenden Linsen (Corneae) der Einzelaugen (Ommatidien). Rechts liegt die kugelartige Antennenwurzel, links befindet sich der Hinterkopfbereich, bedeckt mit Borstenhaaren und Schuppen. Vergrößerung ca. 250 ×.

ABBILDUNG 3.2b:

Rasterelektronenmikroskopische Aufnahme der Oberfläche eines Einzelauges (Ommatidium) mit feingranulärer Antireflexionsschicht der Cornea. Vergrößerung ca. 5000 ×.

„Wehe denen, welche Finsternis zu Licht machen ...“

(JESAJA 5,20)

3 INSEKTEN UND KÜNSTLICHES LICHT

von Gerhard Eisenbeis

3.1 Warum fliegen Insekten zum Licht?

Jeder hat sie schon einmal gesehen – Insekten, die auf Lichtquellen zufliegen und diese dann zwanghaft in meist endlosen Bahnen umschwirren. Sie gehören den unterschiedlichsten Insektenordnungen an: etwa Käfern, Wanzen, Zikaden, Schmetterlingen, Eintags- und Köcherfliegen, Haut-, Netz- und Zweiflüglern. An warmen Sommerabenden kommt es häufig zu extremen Massenanflügen mit dem Ergebnis, dass die Umgebung der Leuchten mit einer ungeheuren Zahl toter Tiere bedeckt ist [1, 2]. Nicht alle dem Licht zustrebenden Insekten kommen jedoch an den Leuchten zu Tode, ein Teil versucht in den Schutz der Dunkelheit zurückzufliegen, andere lassen sich in der Umgebung, in der Vegetation oder auf dem Boden nieder. Sie verhalten sich dann meist längere Zeit inaktiv, was als Entkräftung oder als Folge einer starken Blendung gewertet wird. Wieder andere erreichen den unmittelbaren Nahbereich der Lichtquellen erst gar nicht, sie fliegen innerhalb eines bestimmten Radius zu Boden und verhalten sich ebenfalls inaktiv. Letzteres stimmt mit der Beobachtung überein, dass nachtaktive Insekten bei Tageslicht ruhen und erst bei ausreichender Dunkelheit aktiv werden. Beim Hineinfliegen in eine Lichtzone geraten sie unter künstliche Tageslichtbedingungen, wodurch erneut das Ruheverhalten ausgelöst wird. Demnach kann Licht auch eine starke Hemmwirkung auf Insekten ausüben.

Bestätigt wurde dieses Verhalten durch Versuche mit speziellen Auffangeinrichtungen, die unterhalb des Leuchtkegels von Straßenlaternen exponiert waren [3]. Es ließ sich feststellen, dass frühmorgens, am Ende einer Nachtflugperiode, nahezu die gleiche Menge ruhender Nachtfalter gefunden werden kann wie in einer daneben im Lichtkegel aufgehängten Insektenfalle.

Es gibt allerdings Insektenarten, darunter auch Nachtfalter, die sich nur wenig von Licht beeinflussen lassen. Sie setzen ihre Futtersuche in der Nachbarschaft von Lichtquellen fort und tauchen in Lichtfallen überhaupt nicht auf [4].

Das Umkreisen von Leuchten wird vielfach als Folge einer Fehlorientierung gedeutet, wobei man annimmt, dass Insekten die Leuchte als Ersatzgestirn (Mond, Sterne) betrachten. Gewöhnt an Himmelskörper als Richtungsweiser, versuchen sie, während des Fluges einen festen Winkel zur Lichtquelle einzuhalten. Dieser natürliche Bezug verändert sich bei kleinräumigen Bewegungen und nahezu unendlicher Distanz zur Lichtquelle (wie bei Sonne und Mond) kaum. Erst im Nahbereich einer Leuchte ergeben sich rasche Winkeländerungen auf kurze Distanzen. Falls das Insekt versucht, den Bezugswinkel konstant zu halten, muss die Flugbahn unweigerlich zur Umkreisung führen. Weitere Theorien, die das Verhalten von Insekten in der Nähe von Lichtquellen zu erklären suchen, finden sich in [5].

Warum aber ist Licht für viele Insekten (Abb. 3.1) eine so starke Reizquelle? Sie verfügen über enorm leistungsfähige Augen, ausgestattet mit dioptrischem Apparat, Retina und Pigmentabschirmung (Abb. 3.2a–b). Häufig kommen noch spezielle Anpassungen an extreme Schwachlichtbedingungen und erweiterte spektrale Fähigkeiten hinzu. Wird das Umgebungslicht schwächer, so adaptieren sie ihren Sehapparat. Aus einem an normale Lichtverhältnisse angepassten Auge (= Appositionsauge) wird durch Pigmentverlagerung ein Schwachlichtauge (= Superpositionsauge).

Über eine besondere Augenkonstruktion verfügen die Männchen der Eintagsfliegen. Ihre Komplexaugen sind in ein oberes Schwachlichtauge und ein unteres Normallichtauge geteilt. Ersteres überragt den Kopf turbanartig, weshalb vom Turbanauge gesprochen wird (Abb. 3.3). Das Turbanauge ist ein permanentes Superpositionsauge, bei dem die Seheinheiten (Ommatidien) keine Pigmentabschirmung besitzen (Abb. 3.3b), wodurch sich die Lichtausnutzung verbessert. Fliegen Weibchen in der Dämmerung in die über dem Wasser tanzenden Schwärme der Männchen hinein, so werden sie mit den Turbanaugen wahrgenommen.

Ferner verfügen die Lichtsensoren der Insekten meist über mehrere (drei oder mehr) Rezeptorzelltypen zur Wahrnehmung verschiedener Strahlenanteile. So registrieren sie neben dem sichtbaren Spektrum auch kurzwelliges Licht (UV) und nutzen polarisiertes

Licht von Sonne und Mond zur Orientierung. Die Anpassung ihrer Sehleistung an nahezu vollkommene Dunkelheit ermöglicht ihnen sogar die Nutzung des Restlichtes, das von den Gestirnen geliefert wird. Der Nachtfalter *Deilephila elpenor* verfügt über die Fähigkeit des Farbensehens bei extrem schwachem Licht (sog. skotopisches Farbensehen) und kann Farbreize noch bei 0,0001 cd/m^2 wahrnehmen, das heißt er kann noch bei Sternenlicht Farben sehen [6]. Bei solchen Bedingungen sind die meisten Tiere – und auch der Mensch – farbenblind.

Ausgestattet mit solchen Fähigkeiten ist es nicht verwunderlich, dass Licht insgesamt auf Insekten eine stark anziehende Wirkung ausübt. Die lichtverarbeitenden Zentren im Gehirn der Insekten repräsentieren die ältesten und am stärksten entwickelten reizverarbeitenden Abschnitte ihres Nervensystems. So werden die Lichtsignale in den Komplexaugen nach Verlassen der Retina (Ommatidien) über drei nachgeschaltete Nervenzentren in den sog. Lobi optici verarbeitet und in das Zentralhirn weitergeleitet. Ferner sind beide Augen über eine zusätzliche Nervenverbindung, die Sehkommissur, miteinander verschaltet.

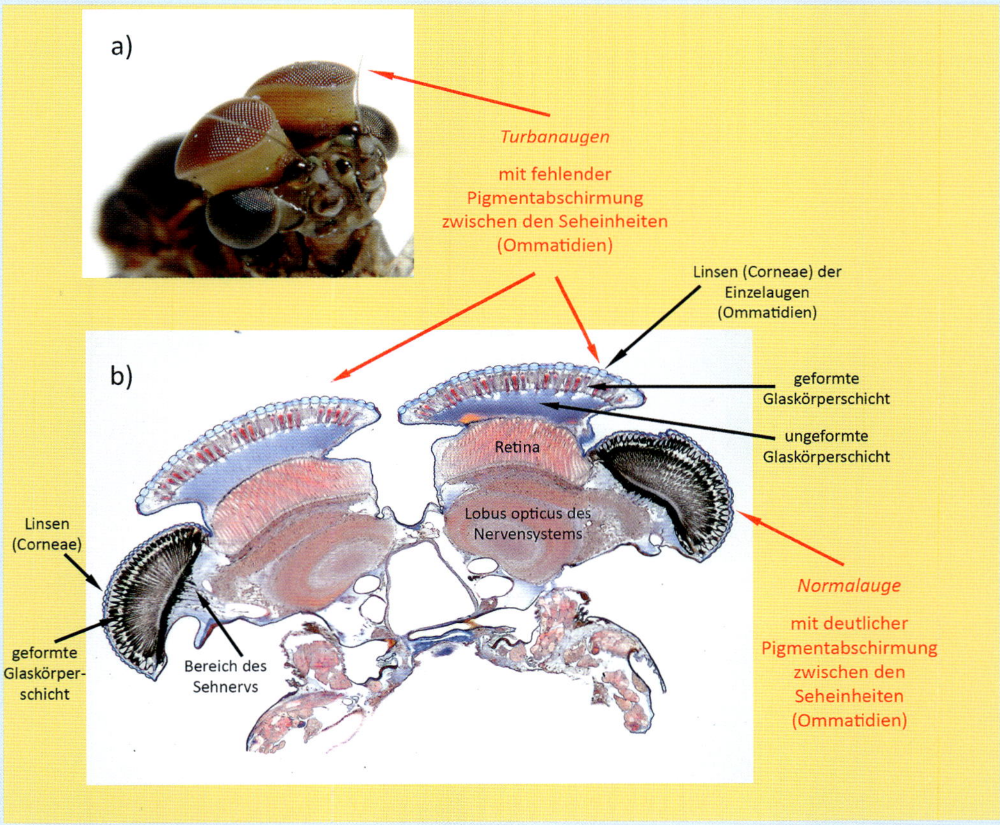

ABBILDUNG 3.3:

a) Kopf einer männlichen Eintagsfliege mit Turbanaugen, Normalaugen, Ocellen und Antennen. **b)** Gewebeschnitt durch die Augenregion einer männlichen Eintagsfliege mit Turbanaugen. Diese sind als Schwachlichtaugen ohne Pigmentabschirmung zwischen den Seheinheiten (Ommatidien) konstruiert und leisten das Dämmerungssehen. Die darunter liegenden Normalaugen mit ihrer intensiven Pigmentabschirmung zwischen den Seheinheiten und somit verbesserter Auflösung erfüllen die Aufgabe des normalen Insektensehens. Breite: ca. 2mm.

Schließlich besitzen viele Insekten noch weitere Lichtmessfühler am Kopf, die Stirnaugen oder Ocellen. Mit jeweils einer eigenen Linse ausgestattet und in drei verschiedene Raumrichtungen orientiert dienen sie der Messung der Grundhelligkeit, weniger dem Bewegungs-, Gestalt- und Farbensehen. Die hohe Anpassungsfähigkeit der Tiere an Schwachlichtbedingungen macht sie umgekehrt empfänglich für die Blendung durch starke Lichtquellen. Es wird angenommen, dass dunkeladaptierte Insekten im Nahbereich intensiver Lichtquellen ähnlich geblendet werden wie der Mensch beim ungeschützten Blick in die Sonne. Ihre Flugsteuerung gerät außer Kontrolle und endet in einem Taumelflug bzw. Abtauchen in die schützende Lampenumgebung. Oft sind sie erst nach längerer Erholungsphase wieder flugfähig, sofern keine irreversiblen Schäden am Augenapparat aufgetreten sind.

Lichtreize verursachen gewöhnlich ein sogenanntes positiv phototaktisches Verhalten, das heißt, dass nachtaktive Insekten zwanghaft eine Lichtquelle ansteuern, sobald sie in ihren Einflussbereich geraten. Ihr natürliches Verhaltensprogramm der Nahrungssuche und Fortpflanzung wird vermutlich außer Kraft gesetzt. Bei tiefer Dunkelheit beträgt die Erkennungsweite bzw. Zone der Anlockung einer Leuchte für Insekten einige hundert Meter, bei Vollmond und dadurch erhöhter Hintergrundhelligkeit reduziert sie sich auf weniger als 50 m. Dies wirkt sich auf den Insektenfang mit Lichtfallen aus, da diese in hellen Nächten deutlich weniger angeflogen werden. Unabhängig von den vielfältigen Varianten im Verhalten von Insekten gegenüber künstlichen Lichtquellen gilt: *Insekten sind mit ihren Aktivitätsrhythmen extrem abhängig vom natürlichen Wechsel von Tageslicht und Dunkelheit.* Dieser Wechsel ist der maßgebliche Zeitgeber für ihr Verhalten. Zusätzlich nutzen sie das Schwachlicht der Gestirne und des Mondes zur Orientierung und zur Synchronisation der verschiedensten Lebenstätigkeiten [7].

Künstliches Licht kann noch in anderer Hinsicht die Biologie von Insekten stören. Gemeint sind solche Insekten, die selbst Licht in speziellen Leuchtorganen produzieren, das sie zur Signalgebung zwischen den Geschlechtspartnern einsetzen. Bekannt dafür ist die Familie der *Lampyridae* (Leuchtkäfer, Glühwürmchen), bei denen mehrere Varianten ihres Leuchtverhaltens bekannt sind. Männchen und Weibchen kommunizieren dabei artspezifisch über Blink- oder Dauerlichtsignale zum Zwecke der Anlockung, wobei Distanzen bis zu 45 m erreicht werden. Der amerikanische Entomologe J.E. Lloyd, der das Verhalten von Leuchtkäfern seit vielen Jahren untersucht, hält eine Störung ihrer Biologie durch künstliches Licht für wahrscheinlich, indem das künstliche Licht die Kommunikationsdistanz der Leuchtkäfer reduziert. Bei unserer einheimischen Leuchtkäferart *Lampyris noctiluca* senden die nicht flugfähigen, am Boden liegenden Weibchen an die umherschwirrenden Männchen ein gelbgrünes Lichtsignal. Aus vergleichenden Experimenten mit einer Quecksilberdampf- und einer Natriumdampf-Hochdrucklampe ergab sich eine Anflugpräferenz der Männchen für gelbes Licht: denn von 55 Tieren flogen 53 an die Natriumdampf-Hochdrucklampe

(Schanowski, priv. Mitt.). Damit verhält sich diese Gruppe anders als die Mehrzahl der Insekten, die stärker von Quecksilberdampflampen angezogen wird. Auch R. Bauer kam zu dem Ergebnis, dass sich Insekten gegenüber Lichtquellen unterschiedlich verhalten, wobei nur wenige Arten auch eine Präferenz für gelbes Licht zeigten, z.B. die Baumwanze *Pentatoma rufipes* [8].

In Summe ist davon auszugehen, dass ein beträchtlicher Anteil der starke Lichtquellen anfliegenden Insekten zugrunde geht, sei es durch direkte oder indirekte Wirkung. Die Wirkung von Beleuchtungseinrichtungen wird deshalb häufig mit einem Staubsauger verglichen. Insekten verfügen über hochsensible Lichtsinnesorgane, die ihnen unter Nachtbedingungen Orientierung und Navigation ermöglichen. Die hohe Empfindlichkeit von Insektenaugen macht Blendeffekte wahrscheinlich, die ein Grund für Verhaltensstörungen sein können.

3.2 Viele oder wenige Insekten an der Lichtquelle – was steckt dahinter?

An manchen Sommertagen schwirren bekanntlich riesige Mengen an Insekten um künstliche Lichtquellen im Außenraum, und die Tiere scheinen sich in endlosen Tänzen zu verzehren. An anderen Tagen hingegen fliegen sie nur vereinzelt zu den Lichtquellen. Wie ist dies zu erklären?

Ein Blick in die Literatur zeigt, dass eine ganze Palette biologischer und nichtbiologischer Faktoren Einfluss auf das Verhalten der Tiere hat, wobei auch das Wetter eine wichtige Rolle spielt. Abbildung 3.4 zeigt eine Zusammenstellung verschiedener Faktoren, die das Verhalten der Insekten an Lichtquellen maßgeblich bestimmen. Grundsätzlich ist das starke Erscheinen von Insekten am Licht ein *saisonales Ereignis*, vor allem in den Sommermonaten, wenn die Vegetation in voller Blüte steht. Dann ist eine hohe Zahl an Arten aktiv und mit den Lichtfängen lässt sich feststellen, dass innerhalb weniger Wochen und Monate ein ständiges Kommen und Gehen an Arten und Artengruppen stattfindet. Meist beträgt das Zeitfenster für das Erscheinen einer Art oder Gruppe nur wenige Tage, dann kommen schon die nächsten. Der Vergleich mit einem großen Hotel drängt sich auf, wo der schnelle Wechsel der Gäste den Betrieb ausmacht. Allerdings fliegen Insekten auch in den übrigen Jahreszeiten und während Frostperioden, nur treten sie kaum in Erscheinung, nicht einmal an den Lichtquellen.

Die beiden Kardinalfaktoren für das Erscheinen der Insekten im Nahbereich der Lichtquellen sind die *Lichtqualität* und die *Temperatur*. In zwei Forschungsprogrammen, im Rhein-

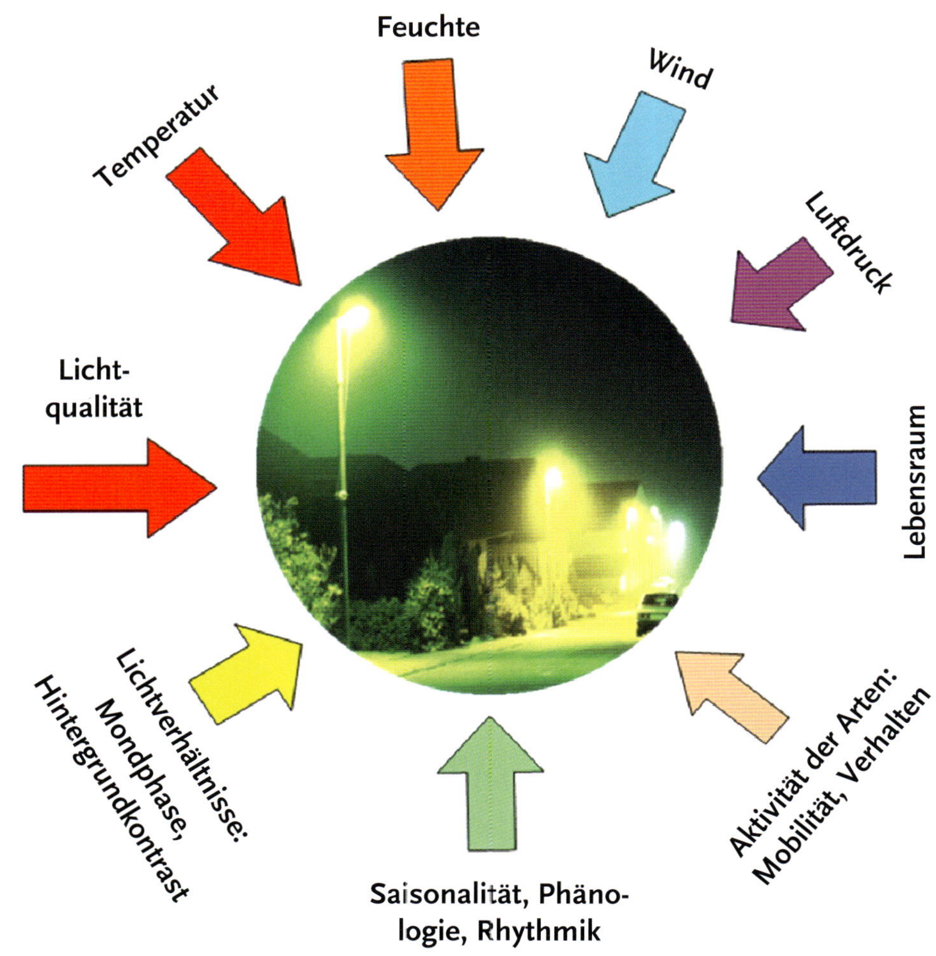

ABBILDUNG 3.4:

Wichtige Faktoren für den Anflug von Insekten an künstliche Lichtquellen.

hessenprojekt 1997 [9] und im Projekt Fleher Deich in Düsseldorf 2008 wurde vom Verfasser der Insektenanflug im Tagesrhythmus jeweils über eine ganze Sommerflugperiode verfolgt. Dabei wurde gezeigt, *dass Lampen mit starker Abstrahlung im UV-, violetten und blauen Bereich eine große Anziehungskraft auf Insekten ausüben*. Die in der öffentlichen Beleuchtung noch weit verbreiteten Quecksilberdampflampen bilden hierbei die Referenz in der Anflugstärke. Schwächer anziehend als diese wirken auf Insekten Natriumdampf-Hochdrucklampen (Abb. 3.5). Metallhalogendampflampen haben eine etwas geringere Anziehungskraft auf Insekten als Quecksilberdampflampen, aber eine im Durchschnitt stärkere als Natriumdampf-Hochdrucklampen. An Natrium-Niederdrucklampen und an den bisher untersuchten Typen von Leuchtdioden (LEDs) findet nur ein geringer Anflug statt. All dies gilt für das Gros der Insekten. Betrachtet man die Anflugcharakteristik für *einzelne* Insektenordnungen, etwa für Zweiflügler und Nachtfalter, dann ergibt sich ein differenziertertes Bild. So kann der Anflug an Metallhalogenlampen jenen an die Quecksilberdampflampen übersteigen (für Zweiflügler), und der relative Anflug an die LEDs kann sich für die Nachtfalter noch einmal deutlich verringern.

Einen bedeutenden Einfluss auf die Dichte der Insekten hat auch die Temperatur. An warmen Abenden ist Hochbetrieb an den Lampen, während man an kühlen Abenden kaum Anflüge verzeichnet. Dies wird nach Starkregen, gefolgt von einem Temperatursturz, besonders deutlich. Eine ähnliche Wirkung ergibt sich, wenn man die Anflugaktivität an den Hauptmondphasen Voll- und Neumond miteinander vergleicht. Obwohl man von vielen Insekten weiß, dass sie gerade bei Vollmond besonders flugaktiv sind, verzeichnet man in den Fallen ein mageres Ergebnis. Umgekehrt ergibt sich ein Maximum an Tieren in den Lichtfallen zu Neumond. Dieser scheinbare Widerspruch löst sich auf, wenn der Begriff der Lichtkonkurrenz bzw. des wechselnden Hintergrundkontrastes berücksichtigt wird. Der Mond tritt in Lichtkonkurrenz zu den Leuchten. Die gesamte Umgebung der Leuchten ist bei Mondschein etwas heller, so dass die Anlockdistanz der Lampen abnimmt. Nach Literaturdaten beträgt die Raumtiefe an Vollmond bis etwa 50 m, bei starker Dunkelheit 500 – 700 m. Das bedeutet, die Erkennungstiefe ist bei Neumond am größten, die Lichtquellen werden früher und von mehr Insekten erkannt.

Die Anflugdichte der Arten ist natürlich auch abhängig von ihrer Mobilität, ihrem Drang zu wandern oder sich in der Landschaft zu verteilen, um neue Lebensräume zu besiedeln. Ferner spielt das Verhalten gegenüber Licht eine Rolle, weshalb häufig ungleiche Verteilungen der Geschlechter an den Lampen registriert werden. Schließlich spiegeln die

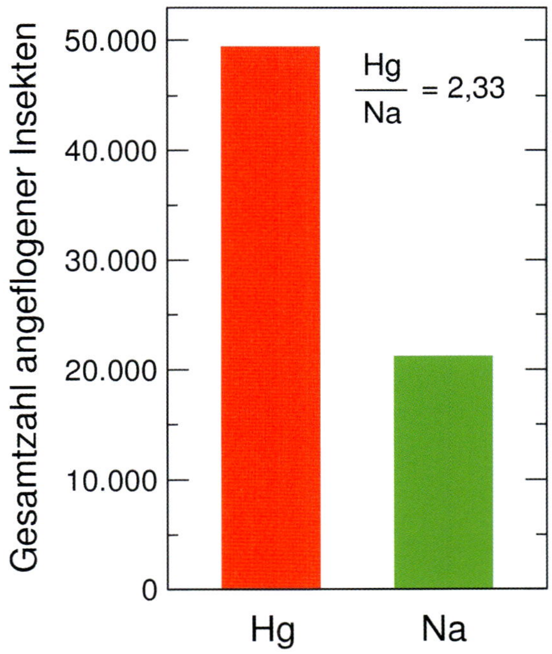

ABBILDUNG 3.5: Quecksilberdampf-Hochdrucklampen („Hg“, rot eingefärbt) ziehen Insekten im Durchschnitt wesentlich stärker an als Natriumdampf-Hochdrucklampen („Na“, grün eingefärbt). Die Höhe der Balken entspricht der Anzahl angelockter Insekten. Die Grafik repräsentiert die Ergebnisse von insgesamt sechs unabhängigen entomologischen Studien aus den Jahren 1993 bis 2000. „Hg/Na“ gibt an, wievielmal mehr Insekten von Quecksilberdampflampen angezogen werden als von Natriumdampflampen.

Fallenfänge den Lebensraum wider, es ist z.B. sofort erkennbar, ob Wald oder Gewässer in der Nähe sind. Als weitere Faktoren bestimmen Luftfeuchtigkeit, Wind und Luftdruck die Menge und das Artenspektrum der anfliegenden Insekten.

Insgesamt ergibt sich, dass das Anflugverhalten zwar von vielen Faktoren beeinflusst wird, dass man aber durch maßvollen Einsatz von Kunstlicht und durch eine gezielte Wahl des Leuchtmittels (z.B. Natriumdampf- statt Quecksilberdampflampen) sehr vielen Insekten auf einfache Weise das Leben retten kann.

3.3 Wenn Leuchten zu Insektengräbern werden

Die heutzutage im Außenraum eingesetzten Leuchten sind häufig auf einem Mast montiert und bestehen aus einem Gehäuse, das Elektrik, Leuchtmittel und optische Elemente zur Lichtlenkung enthält. Die für den Lichtaustritt offene Seite der Leuchte wird meist durch ein Leuchtenglas abgedeckt, das neben der Aufgabe der Abdichtung auch Filtereigenschaften besitzen kann.

Die Tatsache, dass Leuchten zu Insektengräbern werden können, resultiert zum einen aus dem enormen Drang von Insekten, eine Lichtquelle bis zum Kontakt anzufliegen, und zum zweiten aus der oft mangelnden Abdichtung der Gehäuse. Die in Abb. 3.6e–f gezeigte Kasten- oder Kofferleuchte stellt einen Standardleuchtentyp dar, wie er millionenfach zur Straßenbeleuchtung verwendet wird. Entweder sind es bewusst angebrachte Luftschlitze oder klaffende Schlitze zwischen Glas und Gehäuse, die das Eindringen der Insekten ermöglichen. Die Nahaufnahme zeigt, dass auch größere Tiere hineingelangen, was für größere Undichtigkeiten spricht. Die auf der Tafel gezeigte Leuchte wurde im Herbst von einem Wartungstrupp des Netzbetreibers gereinigt. Im darauf folgenden Jahr füllte sich die Leuchte wieder schnell mit toten Insekten an. Dem Netzbetreiber und den Kommunen entstehen somit hohe Kosten für die jährliche Reinigung der Leuchten. Hinzu kommt, dass sich das Glas durch bleibende Verschmutzungen eintrübt, wodurch sich die Lichtleistung vermindert. Zu fordern ist deshalb eine wirkungsvolle Grundabdichtung der Leuchten. Dies spart Kosten und verhindert den Tod vieler Tiere.

Wenn Leuchten überhaupt nicht mehr gewartet werden und wenn der Leuchtenglasdeckel – wie in Abb. 3.6a gezeigt – klaffend herunterhängt, dann dringen noch mehr und größere Insekten ein, die Leuchte füllt sich schnell. Dies wurde exemplarisch auf dem Campus der Universität Mainz dokumentiert. Die daneben (Abb. 3.6b) gezeigte Halbkugeldoppelleuchte wurde am Rathaus in Mainz fotografiert; sie ist mit einem feinen Gemisch kleinster Insekten, vermutlich Dipteren (Zweiflügler), angefüllt, das aus mehreren Tausend Indi-

ABBILDUNG 3.6:

Beispiele für undichte Leuchtengehäuse: **a)** klaffende Kastenleuchte auf dem Sportgelände der Uni-Mainz, **b)** moderne Halbkugelleuchten in Nähe des Rathauses der Stadt Mainz, **c)** Deckenleuchte eines Parkhauszugangs in München, **d)** alte Gaslaterne in Mainz, **e)** Standardkastenleuchte bei Mainz, **f)** Bildausschnitt aus **e)** mit Ansammlung toter Insekten etwa eines halben Jahres.

ABBILDUNG 3.7:

Ephoron virgo (Eintagsfliege, auch Uferaas oder Weißwurm genannt) flattert in schnellen oszillierenden Bewegungen durch den Lichtkegel. Besonders im Randbereich der Lichtzone versuchen Einzeltiere immer wieder dem Licht zu entkommen. Es gelingt ihnen jedoch nicht, sie tauchen schnell wieder in die Lichtzone zurück. Dies nennt man 'Fesseleffekt', wenn die Tiere der Lichtzone nicht mehr entrinnen können. Dieses Verhalten wurde schon von Réaumur im Kerzenschein beschrieben. Das schier endlose Flattern kostet die Tiere soviel Energie, dass sie ermattet zu Boden sinken. Ihre Flügel schlagen zunächst heftig weiter und sie wälzen sich auf dem Boden. Die Weibchen stoßen dabei die gelblich-braun gefärbten, stäbchenförmigen Eipakete aus. Es folgt der schnelle Tod. Warum sich die Tiere vorzugsweise, wie hier gezeigt, über den Fugen zwischen den Steinen ansammeln, ist nicht bekannt.

viduen bestehen dürfte. In der mittleren Bildreihe (Abb. 3.6c–d) ist die Deckenstrahlerleuchte eines Parkhauszugangs in München gezeigt, sowie eine historische Gasleuchte in Mainz, die vermutlich schon lange Jahre nicht mehr gewartet wurde. Einige dieser Beispiele belegen, dass Insekten nicht nur um die Lichtquellen herumschwirren, sondern dass sie in die Leuchten eindringen, wo sie in Bruchteilen von Sekunden den Hitzetod sterben. Hoffnung liefert auch hier die LED-Technik, wenn die Leuchtmittel nicht mehr in Gehäuse eingeschlossen zu werden brauchen und die Strahleroberfläche nicht mehr extrem heiß wird.

3.4 Der Tanz der Eintagsfliegen am Licht

Verschiedene Insektengruppen zeigen das Phänomen des Massenschwärmens, das der Fortpflanzung und der Ausbreitung in der Landschaft dient. Vor allem Larven von Wasserinsekten schlüpfen in ungeheuren Mengen aus dem Wasser, um sich zu paaren und ihre Eifracht wieder dem nassen Element zu übergeben. Die Insektenforscher Kureck [1,10,11] und Tobias [2] haben sich mit den auffällig schwärmenden Eintagsfliegen an Flussufern beschäftigt. Diese waren lange Zeit bei schlechter Wasserqualität verschwunden, doch jetzt tauchen sie wieder in solchen Massen auf, dass Tobias vom „sommerlichen Schneetreiben“ spricht.

Künstliches Licht in Ufernähe und auf Brücken führt zu einer großen Verwirrung der Eintagsfliegenart *Ephoron virgo*. Die Tiere bilden einen dichten Schwarm im Lichtkegel von Leuchten, besonders auch an ufernahen Straßenleuchten (Abb. 3.7). Ihre Paarung über der Wasserfläche haben sie hinter sich, weshalb die Schwärme hauptsächlich Weibchen enthalten. Die mit mehreren tausend Eiern gefüllten Eipakete liegen zerstreut am Boden. Ohne den Anflug an das Licht hätten die Weibchen sie über dem Wasser abgelaicht. Jetzt sterben die Tiere in Minuten und die Eier vertrocknen; eine Fortpflanzung findet damit nicht mehr statt. Wenn Millionen Tiere in kurzer Zeit verenden, dann gehen Milliarden Eier zugrunde. Das ist für die lokale Population ein Verlust, der nur von einer starken Population verkraftet wird. *Ephoron virgo* war noch vor wenigen Jahrzehnten, in den Zeiten schlechter Wasserqualität, aus Rhein und Main verschwunden. Erst nach qualitativer Verbesserung des Flusswassers erholte sich die Population wieder. Dies rechtfertigt eine Bestandsüberwachung dieser Art, vor allem ist genauer zu überprüfen, wie stark negativ sich die Uferbeleuchtung auswirkt.

3.5 Der Lichtfang von Insekten

Die wissenschaftliche Entomologie (Insektenkunde) greift schon seit Jahrzehnten auf das Mittel des *Lichtfanges* zurück, weil man damit schnell einen repräsentativen Querschnitt der nachtaktiven Insektenfauna eines Gebietes erhält; allerdings bleiben dabei Arten unberücksichtigt, die von Lichtquellen nicht angezogen werden. Um diese zusätzlich zu erhalten, müssen weitere Fangtechniken zum Einsatz kommen, etwa der Köderfang oder die Saugfangmethode.

Das bekannteste Projekt für die Langzeiterfassung von Insekten ist der in Großbritannien seit vielen Jahrzehnten laufende *Rothamstad Insect Survey*. Für diesen wird eine standardisierte Lichtfalle über ein Netz von Lebensräumen in ganz Großbritannien eingesetzt. Die Falle ruht auf einem Gestell mit angeschlossener Stromversorgung. Leuchtmittel ist eine Glühbirne, die in einen Fangrichter hineinragt, unter dem sich ein Sammelgefäß befindet. Die Fangebene befindet sich ca. 1,4 m über dem Boden. Die mit unterschiedlichen Leistungen (z.B. 200 Watt) betriebene Lampe ist von allen Seiten gut sichtbar. Sie wird auch kombiniert mit einer Saugeinrichtung betrieben.

Viele Insektenforscher haben ihren eigenen Lichtfallentyp gebaut, ausgerüstet mit unterschiedlichen Leuchtmitteln. Wichtig dabei ist, dass bei der Untersuchung eines Standortes stets der gleiche Fallentyp verwendet wird. Als besonders effektiv haben sich auch Kombinationen aus verschiedenen Leuchtmitteln bewährt, die eine starke Anziehungskraft auf die nachtaktiven Insekten, besonders Nachtfalter, ausüben. Sie werden gerne in Insektenfangtürmen eingesetzt (Abb. 3.8). Die Insekten fliegen den von innen beleuchteten Turm an und landen auf der erleuchteten Gazebespannung, wo sie häufig sitzenbleiben. Man kann solche Lichttürme deshalb für Anfluguntersuchungen einsetzen, indem man die auf einer markierten Turmfläche gelandeten Tiere über ein festes Zeitintervall zählt. Gut bekannte Arten lassen sich dann gleich vor Ort bestimmen, der Rest muss zur Nachuntersuchung ins Labor gebracht werden.

Die bisher beschriebenen Lichtfangwerkzeuge dienen dazu, einen schnellen Überblick über die lokale Fauna eines Ortes oder Gebietes zu erlangen. Allerdings zeigt das durch Lichtfang erhaltene Artenspektrum nicht, ob sich die ‚erbeuteten' Insekten auch im Untersuchungsgebiet entwickelt haben und dort heimisch sind, oder ob es sich um durchziehende oder aus weiteren Entfernungen angeflogene Arten handelt. Um solche Zusammenhänge für die Nachtfalterfauna aufzuklären, muss der Raupenbestand eines Gebietes mit den zugehörigen Futterpflanzen in Kombination mit dem Fang der Falter durch Lichtfang untersucht werden [12, 13].

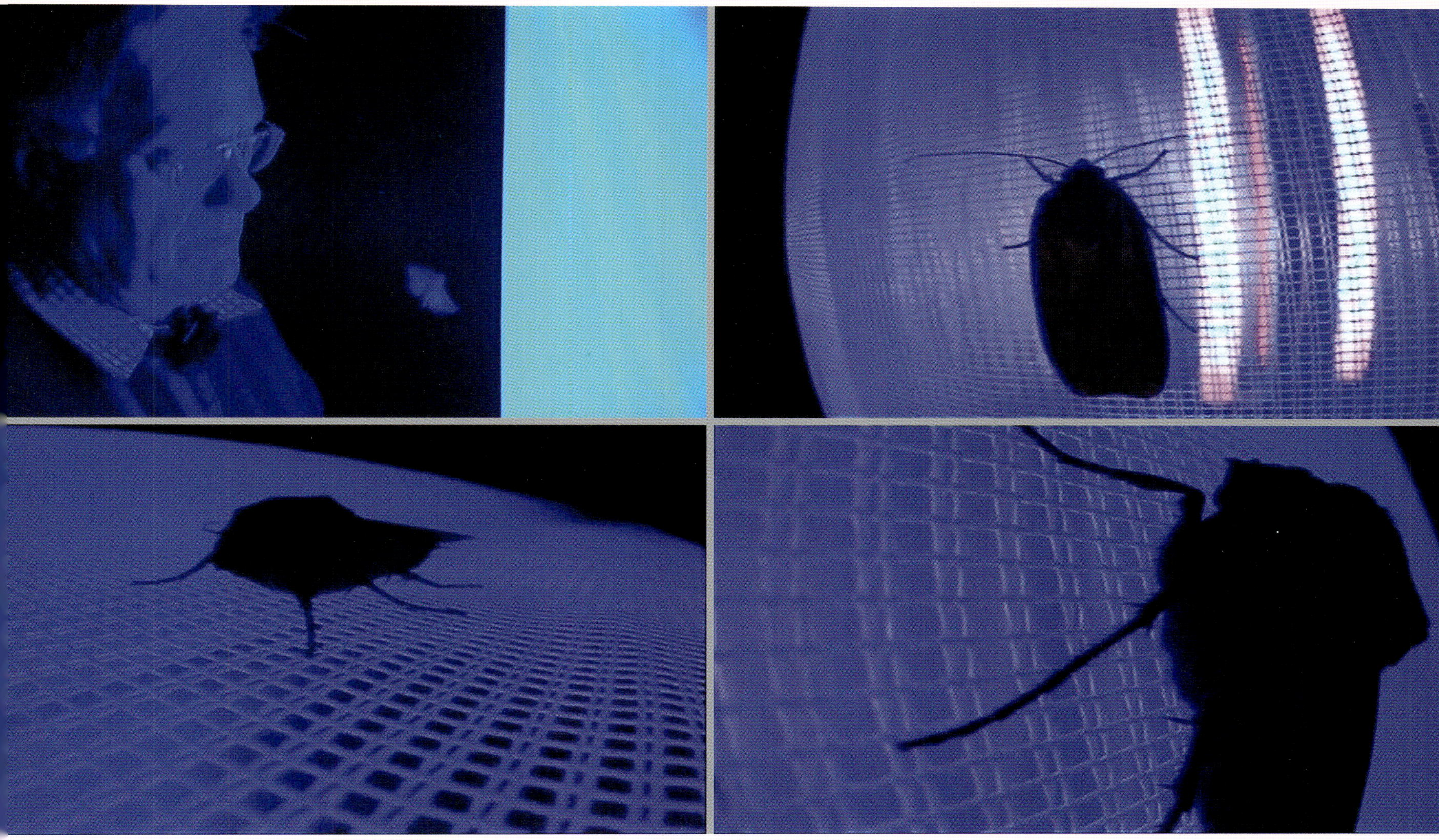

ABBILDUNG 3.8:

Die magische Anziehungskraft künstlichen Lichts: Ein Entomologe (der Verfasser) und drei Insekten an einer Lichtfalle.

Dieser mehr faunistisch orientierten Anwendung des Lichtfanges steht der technische Lichtfang gegenüber, bei dem eine Falle ohne eigene Lichtquelle an einer zu testenden Lichtquelle positioniert wird. Eine große Helferschar ist notwendig, welche die Vorbereitung der Fallen und die tägliche Einholung der zahlreichen Insektenproben übernimmt. Ohne diese Voraussetzungen sind längerfristige entomologische Untersuchungen der Straßenbeleuchtung nicht möglich.

Zum Sammeln der anfliegenden Insekten an Straßenleuchten nimmt man Flugfallen, die möglichst nahe im Lichtkegel der Lampen mit Hilfe eines Haltetrichters angebracht werden (Abb. 3.9 und 3.10). Im Mittelteil der Falle stehen zwei gekreuzte durchsichtige Prallwände aus Plexiglas, an die sich ein Fangtrichter anschließt, der mit einem Sammelgefäß über ein

ABBILDUNG 3.9:

Insektenfalle an einer Straßenkofferleuchte.

Schraubgewinde verbunden ist. Mit hoher Geschwindigkeit anfliegende größere Insekten, etwa Käfer, stürzen an den Prallwänden nach unten ab und gelangen über den Fangtrichter in das Sammelgefäß. In einer Fangnacht mit hoher Käferflugaktivität können am nächsten Tag über 1.500 Individuen in einer Falle vorgefunden werden. Zarte kleine Insekten hingegen klettern auf sämtlichen Flächen der Falle herum, bis sie zufällig in den Fangbehälter gelangen, der mit Eierkartonstücken oder Papiertüchern ausgelegt ist, um ihnen eine Versteckmöglichkeit zu bieten. Zusätzlich kann zentral am Boden des Sammelgefäßes ein leichter Plastikblumentopf eingeklebt werden, in den ein Glas mit weiter Öffnung gestellt wird. In dieses wird eine Betäubungsflüssigkeit gefüllt, damit vermieden wird, dass Insekten nach dem Einfliegen in das Fanggefäß wieder nach außen entweichen. Bewährt hat sich hierfür der leichtflüchtige Essigsäure-Äthylester,

ABBILDUNG 3.10:

a) Insektenfalle an einer LED-Bogenlampe.

b) Kaltweiß leuchtende LED-Bodenlampe mit Insektenfalle bei Nacht.

ABBILDUNG 3.11:

Ausgebreiteter Nachtfang mit toten Insekten aus einer Insektenfalle am Fleher Deich. Dem Fang folgt das Sortieren, Zählen und Bestimmen. Dies ist eine faszinierende Tätigkeit, denn die Tiere bieten dem Betrachter, der sie vergrößert durch ein Mikroskop sehen darf, einen wundervollen Einblick in die Farbenpracht und den Strukturreichtum. Wer Gelegenheit hatte dies einmal mitzuerleben, wird die freilebenden Insekten nie mehr als lästige Tiere und Ungeziefer betrachten.

mit dem Insekten betäubt und abgetötet werden. Das Abtöten ist notwendig, damit die Tiere gezählt und bestimmt werden können. Nur so lässt sich experimentell herausfinden, welche Beleuchtung als insektenfreundlich zu bezeichnen ist und welche Insekten vorzugsweise von einer bestimmten Lampenart angelockt werden (Abb. 3.11).

Beobachtet man das Treiben der Insekten um eine solche Flugfalle herum, so wird schnell klar, dass kurzfristig nur ein Bruchteil der anfliegenden Insekten im Sammelgefäß landet. Da aber viele Insekten lange um die Lampe herumschwirren, ist die Wahrscheinlichkeit hoch, dass sie doch einmal in der Falle landen. Für die Durchführung vergleichender Messungen an Beleuchtungseinrichtungen ist es deshalb dringend erforderlich, dass an allen Lampen bzw. Leuchten mit Fallen gleichen Typs und gleicher Konstruktion gearbeitet wird. Somit kann das Fangergebnis der an verschiedenen Lichtquellen simultan eingesetzten Fallen verglichen werden. Die Effektivität der Fallen variiert sehr stark mit den Umgebungsbedingungen, so etwa nach schneller Abkühlung oder bei Vollmond. Dann reduziert sich durchgängig das Fangergebnis, unabhängig von der Attraktivität des Leuchtmittels.

Der Leser wird sich fragen, warum durch den Lichtfang tausende Insekten umgebracht werden müssen. Dies ist notwendig, um ausreichend begründen zu können, welche Beleuchtungsmittel das Prädikat „umweltfreundlich“ bzw. „insektenfreundlich“ erhalten können. Der hier beschriebene zeitlich begrenzte Lichtfang dient also letztlich dem Schutz der nachtaktiven Insekten, indem seine Ergebnisse dazu verwendet werden, sogenannte ‚Insektenkillerlampen‘ durch insektenfreundliche zu ersetzen. Dieser Insektenlichtfang, der von wenigen Spezialisten eingesetzt wird, dient dazu, Veränderungen in der Fauna zu erkennen. Er ist deshalb von hohem wissenschaftlichem Wert und führt nicht, wie manchmal behauptet, zur Ausrottung der Fauna.

3.6 Über den Rückgang der Insekten

Die Vielfalt der Tierwelt ist bekanntlich weltweit bedroht, weshalb vor allem seit der UN-Konferenz für Umwelt und Entwicklung in Rio de Janeiro (1992) viele Programme durchgeführt werden, um diesem Trend gegenzusteuern. Dabei werden ganz unterschiedliche Akzente gesetzt, je nach Zielrichtung, was denn überhaupt zu schützen sei. Den einen geht es um Ertragsverluste in der Landwirtschaft, etwa wenn wichtige Bestäuber wie Bienen und Hummeln ausfallen. Andere sehen die Vielfalt der Flora insgesamt bedroht, wenn das einst riesige Heer der Bestäuber, zu denen auch die Nachtfalter gehören, immer kleiner wird. In einem länderübergreifenden Wildbienenprojekt in Großbritannien und den Niederlanden fand man heraus, dass Bestäuber und Pflanzen gemeinsam verschwinden [14]. Die Nachtfalter machen etwa 75 % der Schmetterlingsfauna aus, weshalb man nur ahnen kann, dass diese Insektengruppe, weitgehend unbeobachtet, eine ungeheure Bestäubungsleistung erbringt und sich somit an der Erhaltung der Vielfalt der Vegetation elementar beteiligt.

Schon in seinem 1974 veröffentlichten Bericht *A Century in the Change of the Lepidoptera* [15] beschrieb J. Heath den Wandel im Bestand der Großschmetterlinge in Großbritannien, welchen er auf Veränderungen der Landnutzung zurückführt. Die meisten Änderungen betrafen das Verschwinden von Arten, ihre Abnahme oder das Verbleiben von Resten von Arten an wenigen lokalen Stellen. Allerdings gab es auch Neubesiedlungen und Ausdehnungen von Arten in neue Gebiete hinein. Als Hauptgründe des Rückgangs eines Großteils der Schmetterlinge nannte Heath: (i) den Kahlschlag von Laubwäldern und ihr Ersatz durch Nadelwaldmonokulturen, (ii) die Umwandlung wertvoller natürlicher Lebensräume (Feuchtgebiete, Wald) in Ackerland, (iii) den Beginn der landwirtschaftlichen Revolution durch die Einführung der Hochleistungslandwirtschaft, verbunden mit dem Einsatz von Herbiziden und Insektiziden, (iv) die urbane Expansion und Erschließung des dichten Verkehrswegenetzes, (v) die Übernutzung noch verbliebener natürlicher

Lebensräume durch Freizeitnutzung sowie (vi) die klimatischen Veränderungen. Es gab in den 1970er Jahren noch keine breite Diskussion über mögliche Folgen der künstlichen Beleuchtung – die Astronomen warnten als erste vor den Folgen der Lichtverschmutzung [16]. Vereinzelte warnende Stimmen von Biologen zum Einfluss von Lichtinstallationen auf naturnahe Gebiete gab es allerdings schon früher. So berichtete Malicky [17] über eine Abnahme der ursprünglich hohen Flugaktivität von Insekten zu einer beleuchteten Tankstelle im Verlauf weniger Jahre. Dies war einer der ersten Hinweise, dass großflächige, künstliche Lichtquellen wie ein Staubsauger auf die Insekten wirken und ein Leerfangeffekt eintritt.

Dass großflächige Leerfangeffekte über ein Stadtgebiet eintreten können, bei dem für ein Großereignis die Straßen- und Monumentbeleuchtung in großem Stil ausgebaut wurde, darüber berichtet der Innsbrucker Schmetterlingsexperte Gerhard Tarmann in einem Interview des Wallstreet Journal [18]. Als Auslöser für den Niedergang der Nachtfalterfauna Innsbrucks nennt er die Olympischen Winterspiele 1964, für die von der Stadt Brücken, Uferbereiche und das Stadtgebiet dem Ereignis entsprechend festlich beleuchtet wurden. In den darauffolgenden Jahren verarmte die Nachtfalterfauna rapide. Ähnliches berichtet Tarmann über die Fauna artenreicher Alpentäler, die mit hunderten von Arten besiedelt waren. Die Erschließung dieser Täler für den Tourismus führte zu einer hohen Beleuchtungsdichte mit dem Ergebnis, dass, wenn Tarmann seine vormals artenreichen Standorte besucht, er nur noch wenige Nachtfalterarten, so genannte Allerweltsarten, mit geringen Ansprüchen antrifft. Vermutlich findet eine solche Veränderung der Fauna im Sinne einer Verarmung in allen Ballungsräumen und gut erschlossenen Siedlungsgebieten statt. Ähnlich äußert sich Kolligs [4]. Er sieht die an spezielle Standortbedingungen angepassten Arten, die oft nur noch mit geringer Populationsdichte auf Relikten natürlicher Lebensräume in der Agrarlandschaft vorkommen – die sogenannten K-Strategen –, gegenüber solchen, die sich schnell an wechselnde Lebensbedingungen anpassen können – r-Strategen –, als am stärksten gefährdet an.

Wendet man sich Veränderungen auf Länderebene zu, dann stößt man unter anderem auf den auf Großbritannien bezogenen Bericht von Fox und Mitarbeitern [19]. Darin werden dramatische Veränderungen für die Nachtfalterfauna beschrieben, die über ein Langzeitmonitoring von 1968 bis 2002 gewonnen wurden. Für 15 Arten ergaben sich Abnahmeraten von 91 % bis 98 %; sie wurden als vom Aussterben bedroht eingestuft. Weitere 60 Arten mit gleichfalls hohen Abnahmeraten von 70–90 % gelten als gefährdet. In der Summe zeigten 226 Arten über diesen Zeitraum eine Abnahmetendenz; 111 Arten verzeichneten Zuwächse, die für die Hälfte davon maßvoll ausfielen, der Rest konnte teilweise deutlich zulegen. Leider gehen auch diese Autoren in ihrem Bericht nicht auf die Bedeutung der Lichtverschmutzung ein. Doch angesichts der Myriaden von Nachtfaltern, die an künstlichen Lichtquellen zugrunde gehen, ist langfristig ein irreversibler Schaden für die Nachtfalterfauna unvermeidlich. Ein Blick in die ältere Literatur bestätigt den Eindruck ungeheurer Nachfalteranflüge an Lichtfallen während einer Nacht. So berichten Robinson und Robinson über einen Nachtfang von 50.000 Individuen mit einer Falle [20]. Worth und Muller fingen mit einer einzelnen UV-Falle ebenfalls rund 50.000 Nachfalter, allerdings über drei Monate hinweg [21]. Eisenbeis und Hassel fingen 1997 mit 19 Luftfallen an Straßenleuchten in rund 3 Monaten 22,9 Nachtfalter pro Falle und Nacht. Ein Tiefpunkt des Nachtfalteranfluges ergab sich schließlich während des Lichtfanges an Straßenleuchten am Fleher Deich in Düsseldorf, wo mit 20 Lichtfallen von Ende Juni bis Anfang September 2008 nur 2,3 Nachfalter pro Falle und Nacht registriert wurden. Beide Lichtfangprojekte fanden in nicht mehr naturnahen Gebieten statt, nämlich in der weitgehend durch Landwirtschaft geprägten Landschaft Rheinhessens und im Vorstadtbereich von Düsseldorf. Dass auch in der heutigen Zeit an abgelegenen Standorten noch größere Mengen an Insekten durch Nachtfänge erhalten werden können, wurde von Scheibe in seiner Diplomarbeit an einem abgelegenen Bachuferbereich eines Waldes im Taunus gezeigt. Scheibe fing über acht Nächte 2.600 meist aquatische Insekten pro Falle und Nacht, worunter sich zwei Spitzenfänge von rund 11.000 und 5.000 Insekten befanden [23].

Eine besonders alarmierende Arbeit über die Veränderung der Vögel, Tagschmetterlinge und höheren Pflanzen in Großbritannien wurde von Thomas und Mitarbeitern in der Zeitschrift *Science* veröffentlicht [24]. Die Autoren sprechen dort von der „sechsten Extinktionskrise" im Verlauf der Erdgeschichte. Darin wurde der Rückzug von Tieren und Pflanzen aus ehemals angestammten Lebensräumen durch ein langjähriges Monitoring registriert, das sich über ein Netz von 10 km^2 großen Quadraten über Schottland, Wales und England erstreckte. Der Rückgang wurde bei Tagfaltern mit 71 %, bei Vögeln mit 54 % und bei Pflanzen mit 28 % angegeben. Dies ist die bisher umfangreichste Untersuchung zum Niedergang von Flora und Fauna auf Länderebene. Darin heißt es noch, dass die Insekten relativ schnell auf Umweltänderungen reagieren, von Vögeln und Pflanzen erwartet man, dass größere Einbrüche erst zeitlich verzögert folgen.

Die Lichtverschmutzung ist zwar nur eine Komponente in diesem Kontext. Die in diesem Kapitel beschriebenen Reaktionen von Insekten zeigen jedoch überdeutlich, dass Licht einen bedeutenden Umwelteinfluss hat und der sparsame Umgang damit in Verbindung mit der Entwicklung insektenfreundlicher Beleuchtungssysteme ein Handlungsfeld ist, das von der Öffentlichkeit und von politischen Entscheidungsträgern weit stärker als bisher wahrgenommen werden muss.

Zitierte Literatur:

[1] Kureck, A., 1992, Das Massenschwärmen der Eintagsfliegen am Rhein – Zur Rückkehr von Ephoron virgo. Natur und Landschaft (Stuttgart) 67, S. 407–409.

[2] Tobias, W., 1996, Sommernächtliches Schneetreiben am Main – Zum Phänomen des Massenanfluges von Eintagsfliegen. Natur und Museum (Frankfurt a.M.) 126, S. 37–54.

[3] Saal, M., 2004, Untersuchungen zum Verhalten von Insekten an künstlichen Lichtquellen unter besonderer Berücksichtigung der Nachtfalter. Diplomarbeit, Fachbereich Biologie der Universität Mainz.

[4] Kolligs, D., 2000, Ökologische Auswirkungen künstlicher Lichtquellen auf nachtaktive Insekten, insbesondere Schmetterlinge (Lepidoptera). Faunistisch-Ökologische Mitteilungen Supplement (Kiel) 28, S. 1–136.

[5] Steck, B., 1997, Zur Einwirkung von Außenbeleuchtungsanlagen auf nachtaktive Insekten. LiTG-Publikation 15, S. 1–24, Deutsche Lichttechnische Gesellschaft, Berlin.

[6] Kelber, A., Balkenius, A. und Warrant, E.J., 2002, Scotopic colour vision in nocturnal hawkmoths. Nature 419, S. 922–925.

[7] Endres, K.-P. und Schad, W., 1997, Biologie des Mondes. Hirzel Verlag, Stuttgart und Leipzig.

[8] Bauer, R., 1993, Untersuchung zur Anlockung von nachtaktiven Insekten durch Beleuchtungseinrichtungen. Diplomarbeit, Universität Konstanz.

[9] Eisenbeis, G., 2001, Künstliches Licht und Insekten: eine vergleichende Studie in Rheinhessen. Schriftenreihe für Landschaftspflege und Naturschutz 67, S. 75–100.

[10] Kureck, A., 1993, Was weiß man über die Biologie der großen Eintagsfliege Ephoron virgo? Verhandlungen der Westdeutschen Entomologen Tagung Düsseldorf 1991, S. 135–142.

[11] Kureck, A., 1996, Eintagsfliegen am Rhein: Zur Biologie von Ephoron virgo (Olivier, 1791). Decheniana 35 (Beiheft), S. 17–24.

[12] Wirooks, L., 2005, Ökologische Aussagekraft des Lichtfangs – Eine Studie zur Habitatbindung und kleinräumigen Verteilung von Nachtfaltern und ihren Raupen. Verlag Wolf & Kreuels, Havixbeck-Hohenholte.

[13] Wirooks, L., 2006, Zum Flächenbezug von Lichtfangartenspektren (Lepidoptera, Macroheterocera). Mitteilungen der Deutschen Gesellschaft für Allgemeine und Angewandte Entomologie 15, S. 403–408.

[14] Biesmeijer, J.C., Roberts, S.P.M., Reemer, M., et al., 2006, Parallel Declines in Pollinators and Insect-Pollinated Plants in Britain and the Netherlands. Science 313, S. 351–354.

[15] Heath, J., 1974, A century of change in the Lepidoptera. In: D.L. Hawksworth (Hg.): The Changing Flora and Fauna of Britain. Systematics Association Special Volume 6, S. 275–292.

[16] Riegel, K. W., 1973, Light Pollution – Outdoor lighting is a growing threat to astronomy. Science 179, S. 1285–1291.

[17] Malicky, H., 1965, Freilandversuche an Lepidopterenpopulationen mit Hilfe der Jermyschen Lichtfalle, mit Diskussion biozönologischer Gesichtspunkte. – Zeitschrift für Angewandte Entomologie 56, S. 358–377.

[18] Tarmann, G. in: Boudette, N.E., 2003, Lepidopterist sheds new light on Austria's rare butterflies. The Wall Street Journal, 29.1.2003.

[19] Fox, R., Conrad. K.F., Parsons, et al., 2006, The state of Britain's larger moths. Butterfly Conservation and Rothamsted Research, Wareham, Dorset.

[20] Robinson, H. S., und Robinson, P.J.M, 1950, Some notes on the observed behaviour of Lepidoptera in flight in the vicinity of light-sources together with a description of a light-trap designed to take entomological samples. Entomologist's Gazette 1, S. 3–20.

[21] Worth, C.B. und Muller J., 1979, Captures of large moths by an ultraviolet light trap. Journal of the Lepidopterists' Society 33, S. 261–264.

[22] Eisenbeis, G. und Hassel, F., 2000, Zur Anziehung nachtaktiver Insekten durch Straßenlaternen – eine Studie kommunaler Beleuchtungseinrichtungen in der Agrarlandschaft Rheinhessens. Natur und Landschaft 75. Jg., Heft 4, S. 145–156.

[23] Scheibe, M.A., 1997, Quantitative Aspekte der Anziehungskraft von Straßenbeleuchtungen auf die Emergenz aus nahegelegenen Gewässern. Diplomarbeit, Fachbereich Biologie der Universität Mainz.

[24] Thomas, J.A., Telfer, M.G., Roy, D.B. et al., 2004, Comparative losses of British butterflies, birds, and plants and the global extinction crisis. Science 303, S. 1879–1881.

Weiterführende Literatur:

Böttcher, M. (Bearb.), 2001, Auswirkungen von Fremdlicht auf die Fauna im Rahmen von Eingriffen in Natur und Landschaft. Schriftenreihe für Landschaftspflege und Naturschutz, Heft 67, Bundesamt für Naturschutz, Bonn.

Cleve, K., 1964, Der Anflug der Schmetterlinge an künstliche Lichtquellen. Mitt. Dtsch. Entomol. Ges. 23, S. 66–76.

Cleve, K., 1967, Das spektrale Wahrnehmungsvermögen nachts fliegender Schmetterlinge (Lep.). Nachrichtenblatt der Bayerischen Entomologen, 16. Jg., S. 33–53.

Eisenbeis, G., 2001, Künstliches Licht und Lichtverschmutzung – Eine Gefahr für die Diversität der Insekten? Verhandlungen Westdeutscher Entomologen Tag 2000, Löbbecke-Museum (Düsseldorf), S. 31–50.

Eisenbeis, G., 2006, Artificial night lighting and insects: Attraction of insects to street lamps in a rural setting in Germany. In: Rich, C. und Longcore, T. (Hg.): Ecological Consequences of Artificial Night Lighting, Island Press, Washington DC, S. 281–304.

Lloyd, J.E., 2006, Stray light, fireflies, and fireflyer. In: Rich, C. und Longcore, T. (Hg.) Ecological Consequences of Artificial Night Lighting. Island Press, Washington DC, S. 345–364.

Longcore, T. und Rich, C., 2004, Ecological light pollution. Frontiers in Ecology and the Environment 2, S. 191–198.

Rich, C. und Longcore, T. (Hg.), 2006, Ecological Consequences of Artificial Night Lighting. Island Press, Washington DC.

Schmiedel, J., 2001, Auswirkungen von künstlichen Lichtquellen auf die Tierwelt – ein Überblick. Schriftenreihe Landschaftspflege und Naturschutz 67, S. 19–51.

ABBILDUNG 4.2:

Selbst auf ihrem Zug über das Meer sind Vögel vielfältigen Lichtreizen ausgesetzt (Helgoland): Leuchttürme, Funkmasten, Siedlungen und Schiffe auf und bei Helgoland.

„Zuviel Licht ist zum Sehen ebenso unbequem als zu wenig."
(Christoph Martin Wieland)

4 VÖGEL: WELTREISENDE UND VIELFLIEGER UNTER DEM STERNENHIMMEL

von Ommo Hüppop

ABBILDUNG 4.1:
„Vogelzug und Licht" wurde schon vor mehr als 100 Jahren von Heinrich Gätke thematisiert: Titelbild der 1900 erschienenen zweiten Auflage von „Die Vogelwarte Helgoland".

4.1 Vogelzug: Nutzen und Risiken gehen Hand in Hand

Vögel sind die mobilsten aller Organismen. Manche Arten fliegen zweimal im Jahr fast 20.000 Kilometer, um zwischen Brutgebiet und Winterquartier zu wechseln. Der Vogelzug hat sich – wie andere Tierwanderungen auch – entwickelt, um möglichst immer zum richtigen Zeitpunkt am richtigen Ort zu sein, also dort, wo sich die besten Lebensbedingungen bieten. Zugvögel nutzen zum Beispiel das riesige Insektenangebot des arktischen Sommers, um erfolgreich Junge zu erbrüten und großzuziehen. Das ganze Jahr im warmen Afrika oder auch im Mittelmeerraum zu hocken, mag sich für uns Menschen verlockend anhören, wäre aber – sogar verglichen mit den Gefahren während des Zuges – für die meisten Arten von Nachteil. Die mehr als zwei Milliarden europäischen Zugvögel, die Jahr für Jahr zum Überwintern nach Afrika wandern, könnten niemals ganzjährig von den dortigen Ressourcen leben, geschweige denn damit auch noch erfolgreich Nachwuchs großziehen. Noch weit mehr Vögel wandern gar nicht so weit, sondern überwintern irgendwo in Europa. Doch auch sie müssen über große Distanzen fliegen, um einerseits möglichst günstige Bedingungen für die Brut zu finden, anderseits aber gut durch den Winter zu kommen.

Die weiten Wanderungen bedeuten zwar eine vorteilhafte Erweiterung des „Jahreslebensraums", aber natürlich auch viele Probleme und Gefahren, die es zu lösen und zu bewältigen gilt: Wie finden Vögel überhaupt ihren Weg? Wie viel „Treibstoff" müssen sie tanken, um eine größere Wüste oder ein Meer ohne Risiko zu überfliegen? Wie können sie sich das Wetter zunutze machen, um Energie zu sparen?

Zwei Drittel aller sonst meist tagaktiven Vogelarten wandern nachts, weil sie den Tag brauchen, um den Energievorrat für den Weiterflug aufzufüllen. Ganz wesentlich für ihre nächtliche Orientierung ist der Sternenhimmel (Text S. 85). Vögel ziehen deswegen vor allem in klaren Nächten und nutzen dabei gerne mäßige Rückenwinde, um Energie zu sparen. Normalerweise lassen sie auf ihrem Zug beleuchtete Strukturen weit unter sich. Wird aber das Wetter plötzlich schlechter, bekommen sie Probleme. Wenn die Sterne nicht mehr sichtbar sind oder der Wind seine Richtung zu kräftezehrendem Gegenwind ändert, hoffen sie im Licht einen sicheren Landeplatz zu finden. Tatsächlich werden sie aber oft von diesem Irrlicht in den Tod gelockt, weil sie, geblendet, gefährliche Hindernisse nicht erkennen können oder im Lichtschein gefangen stundenlang ihre Kreise ziehen, bis die Kräfte erschöpft sind. Kaum treffender könnte man die Umweltfaktoren, die zu Massenkollisionen führen, zusammenfassen als dies Hugo Weigold, Gründer der Vogelwarte Helgoland und exzellenter Beobachter, schon im Jahr 1924 getan hat: Er fand, „daß Zug sowohl in mondhellen wie in dunklen Nächten stattfindet, daß aber die Leuchttürme ihre verhängnisvolle Anziehungskraft nur bei sehr unsichtigem Wetter, bei Nebel, Regen, Hagel und tiefen dichten Wolken entfalten, zumal, wenn Sturm damit verbunden ist, wie gewöhnlich, oder wenn der Wind dreht und die Vögel aufhält."

4.2 Gefangene des Lichts: Leuchttürme, Hochhäuser und Funktürme als Vogelfallen

Dass nachts fliegende Vögel unter bestimmten Bedingungen von Licht angezogen werden, ist schon seit mehr als hundert Jahren bekannt (Abb. 4.1). Weltweit finden sich in der Fachliteratur entsprechende Berichte. Zunächst waren es vor allem aufmerksame Leuchtturm- und Feuerschiff-Wärter, die beobachteten, wann welche Vögel anflogen und zu

Wie sich Zugvögel orientieren

Grundsätzlich ist zwischen zwei verschiedenen Orientierungsleistungen zu unterscheiden: Richtungs- oder Kompassorientierung und Navigation oder Zielorientierung. Während zur Kompassorientierung „nur“ eine Richtungsinformation nötig ist, erfordert die Navigation zusätzlich die Kenntnis einer „Landkarte“ und des eigenen Standorts. Bei Jungvögeln ist nur die „Sollrichtung“ angeboren, die Navigation zum Zielgebiet müssen sie erst während ihrer ersten Zugzeit lernen, meist ohne die Hilfe der Eltern. Ihnen ist aber auch ein bestimmtes Maß an „Zugunruhe“ angeboren, die sie weiterfliegen lässt, bis sie in ihrem Zielgebiet angekommen sind.

Vögel wenden verschiedene „Techniken“ an, um Richtung und Ort zu bestimmen. Sie nutzen hierzu die Sonne (einschließlich der von ihr erzeugten Muster polarisierten Lichts am Himmel), den Sternenhimmel, das Erdmagnetfeld, Landmarken und, zumindest einige Arten, sogar den Geruch einer Landschaft.

Die Sonne liefert Kompassinformationen am Tage, die Sterne in der Nacht – natürlich nur bei unbedecktem Himmel. Um aus dem Stand der Sonne, genauer aus ihrem Azimut, eine Richtungsinformation zu erhalten, ist zusätzlich eine Zeitmessung, also eine „innere Uhr“ erforderlich. Die Orientierung nach den Sternen erfolgt hingegen ohne innere Uhr: Die Richtungsinformation wird aus dem Rotationszentrum, um das sich alle Sterne scheinbar drehen, bezogen.

Aus dem Erdmagnetfeld können schließlich Informationen sowohl über die Himmelsrichtung als auch über die geografische Position gewonnen werden. Vögel besitzen dafür offensichtlich gleich zwei verschiedene Sinne: Ein komplizierter an Photopigmente im Auge gebundener chemischer Prozess (auf der Basis von Radikal-Paaren) liefert die Richtungsinformation, während ein anderer Mechanismus, der an Magnetit oder andere Eisenmineralien im Oberschnabel gebunden ist, die Neigung des Erdmagnetfeldes messen und somit über die geografische Breite informieren kann. Der Magnetkompass wird offensichtlich vor Beginn der Nacht nach dem Polarisationsmuster des Himmels oder dem Sonnenuntergangspunkt neu kalibriert, bevor sich ein Vogel auf die nächtliche Reise begibt. Wegen der Bindung an Photopigmente ist auch nachts noch ein gewisses Restlicht erforderlich, damit der Magnetkompass funktioniert. Dabei ist die Wellenlänge des Lichtes entscheidend. Jüngste Experimente haben gezeigt, dass Rotkehlchen sich bei blauem, türkisem und grünem Licht am Magnetfeld orientieren können, aber nicht bei gelbem und rotem. Erstaunlicherweise werden sie sogar in völliger Dunkelheit zugunruhig. Während sie aber bei grünem Licht planmäßig im Herbst südliche und im Frühjahr nördliche Richtungen wählten, wurde von denselben Vögeln in völliger Dunkelheit stets eine „falsche“ westliche Richtung bevorzugt. Obwohl der Magnetsinn bei Vögeln, wie übrigens auch bei vielen anderen Tiergruppen, schon seit den 70er Jahren bekannt ist, stehen wir mit unseren Erkenntnissen über das „Wie“ noch ganz am Anfang. Dies schließt auch unser Wissen über den Einfluss künstlichen Lichtes mit ein.

Schaden kamen. Bereits gegen Ende des 19. Jahrhunderts wurden ihre Beobachtungen systematisch zusammengetragen. Später kamen Berichte über Auswirkungen beleuchteter Funktürme, Hochhäuser, großer Brücken und Windkraftanlagen hinzu. Lichtattraktion wurde durch Fahrzeug- und Wolkenhöhenscheinwerfer, Flutlichter sowie beleuchtete Gewächshäuser, Schiffe, Bohrinseln, Förder- und Forschungsplattformen ausgelöst (Abb. 4.2). Selbst in Gasfackeln von Raffinerien oder an Förderanlagen kamen Vögel zu Tausenden um. Manche Berichte stimmen noch aus ganz anderen Gründen nachdenklich: Offensichtlich desorientierte Vögel wurden auch in den Scheinwerferstrahlen am „Ground Zero“ in New York gesehen. Selbst über starken nächtlichen Zug mit Tausenden von Vögeln, darunter Enten, Watvögel und Möwen, im hohen Scheinwerferlicht beim nationalsozialistischen Reichsparteitag in Nürnberg 1937 gibt es eine kleine Publikation.

Was die Aufmerksamkeit des Menschen wecken soll, sei es, um mit Licht zu werben, Arbeitsplätze zu beleuchten oder mit Licht die Sicherheit von Schifffahrt, Luft- und

Kraftfahrzeugverkehr zu erhöhen, wird Vögeln in entsprechend zunehmendem Maße zum Verhängnis. Aus Gründen der Flugsicherheit müssen zum Beispiel die meisten Funk- und Fernsehtürme mit Warnleuchten ausgerüstet werden, zum Nachteil der Zugvögel. Zusammenstöße mit Hindernissen verlaufen für schnell fliegende Vögel meist tödlich. In ruhiger Luft fliegt eine Drossel zum Beispiel mehr als 40 km, Watvögel zwischen 30 und 50, Enten durchaus mehr als 80 km pro Stunde. Rückenwinde können die Geschwindigkeit über Grund noch deutlich erhöhen. Entsprechend heftig sind Kollisionen und folglich die Opferzahlen: Die meisten Unfälle von Vögeln mit beleuchteten Funktürmen ereignen sich nachts, besonders bei nebligen Bedingungen, wenn die Vögel bevorzugt auf helle Objekte zusteuern und es dann zu Massenanflügen kommen kann. Eine Verminderung der Anflüge erhofft man sich zwar aus einer für Zugvögel optimierten Beleuchtung. Doch ist man davon noch weit entfernt. Daher kommen derzeit noch immer unzählige Vögel an Funktürmen um. Eine 38-jährige Studie an einem einzigen 305 m hohen Fernsehturm in Wisconsin dokumentierte über 120.000 tote Vögel aus 123 Arten. In einer anderen 29-jährigen Studie an einem einzigen zunächst 204 m, später 308 m, noch später nur mehr 90 m hohen Fernsehturm in Florida wurden über 44.000 Opfer aus 186 Arten gefunden. 94 % waren neotropische Zugvögel, deren Bestände vor allem wegen der Lebensraumverluste in den Überwinterungsgebieten zum Teil ohnehin stark rückläufig sind. An einem anderen Sendemast in den USA verendeten in einer einzigen Nacht 12.000 Vögel. Je höher der Turm, desto mehr Opfer sind zu beklagen. Nach Schätzungen des „US Fish and Wildlife Service“ kommen an den bis 400 m hohen Funktürmen in den USA jährlich zwischen 4 und 40 Millionen Zugvögel infolge von Kollisionen um! Mehr Opfer fordern nur Gebäude und Fenster (100 Millionen bis 1 Milliarde), Hauskatzen (100 Millionen), der Autoverkehr (50 bis 100 Millionen) und vielleicht Freileitungen (Zehntausende bis 175 Millionen).

Aus Europa fehlen systematische Untersuchungen weitgehend, doch wurden beispielsweise an einem einzigen knapp 200 m hohen Sendemast auf der Nordseeinsel Sylt systematische Nachsuchen durchgeführt. Unter dem mit 48 Stahlseilen gesicherten und mit roten Flugwarnleuchten bestückten Sendemast wurde von April 1989 bis November 1992 75-mal nach Opfern gesucht. Die Kontrollen ergaben 609 Totfunde aus 63 Arten. Am stärksten betroffen waren Möwen, Drosseln und Ringeltauben. Vor Beginn der systematischen Nachsuchen waren bereits nach einer einzigen starken Zugnacht rund 900 Vogelkadaver gefunden worden, vor allem Rot- und Singdrosseln, aber auch Feldlerchen, Rotkehlchen, Mönchsgrasmücken, Stare und Ringeltauben – insgesamt fast 40 verschiedene Arten. Weitere Opfer waren vermutlich schon von Füchsen und Möwen verschleppt worden. Dies ist generell ein großes methodisches Problem bei Kadaversuchen.

Im Rahmen unserer eigenen Studien zu möglichen Auswirkungen von Offshore-Windkraftanlagen auf den Vogelzug konnten wir den Vogelschlag auf der Forschungsplattform „FINO 1“ 45 km nördlich der ostfriesischen Insel Borkum systematisch untersuchen. Bei 36 von 159 Besuchen der Plattform zwischen Oktober 2003 und Dezember 2007 wurden insgesamt 770 tote oder sterbende Vögel aus 35 Arten gefunden. Bei den meisten handelte es sich um verschiedene Drosselarten und Stare, die zusammen 85 % aller Opfer ausmachten. In geringer Zahl wurden auch Nicht-Singvögel gefunden, darunter eine Pfeifente, eine Wasserralle, verschiedene Watvögel, Möwen und Tauben. Von allen genauer untersuchten Vögeln hatten zwei Drittel äußerlich erkennbare Verletzungen. Die häufigsten waren Blut im Schnabel, Blutergüsse am Schädel, Bein-, Schädel- und Flügelbrüche (Abb. 4.3).

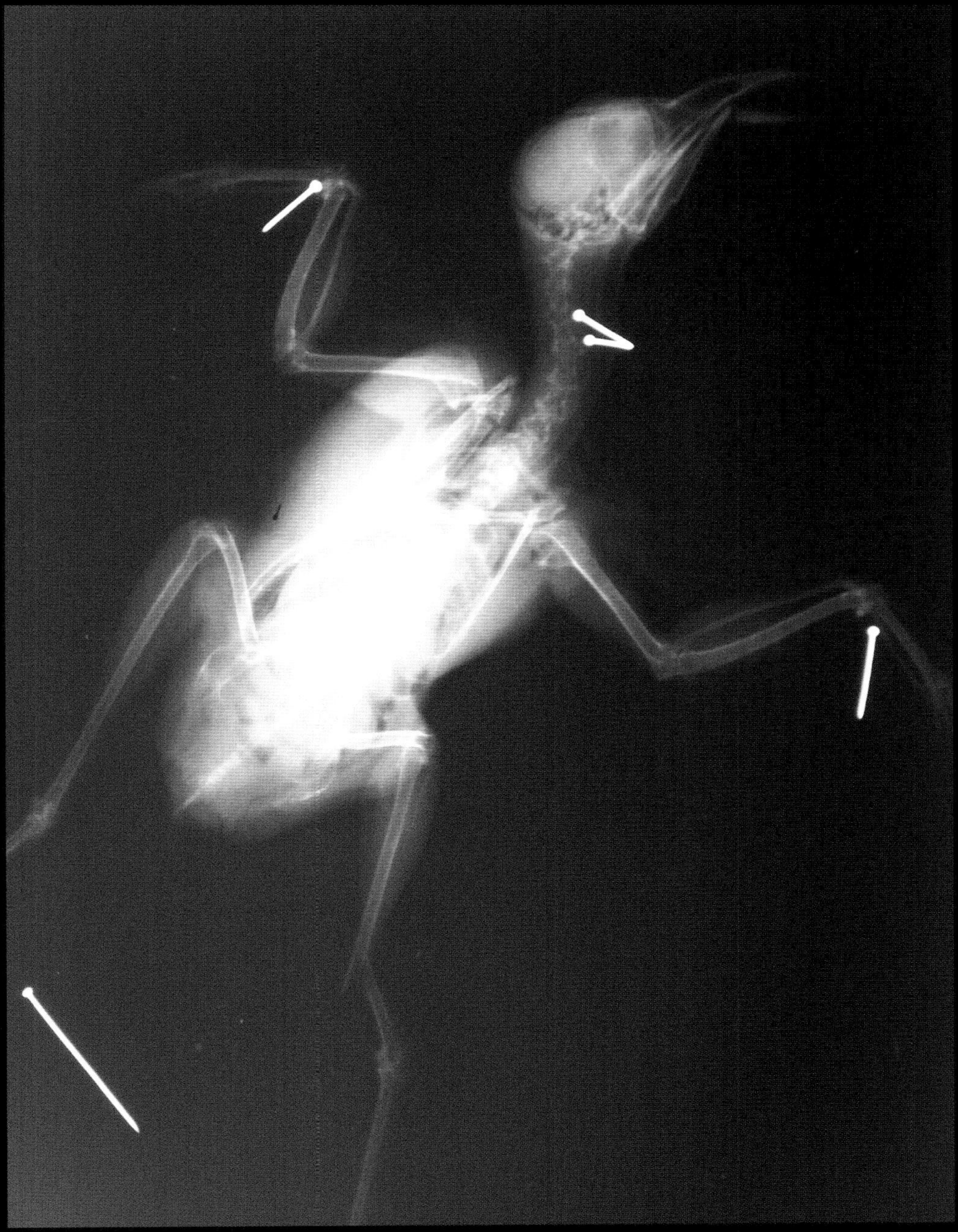

ABBILDUNG 4.3:
Eine von vielen Singdrosseln, die an der Forschungsplattform „FINO 1" zu Tode kamen. Die Röntgenaufnahme zeigt, dass sie sich beim Anflug Schnabel und Lauf gebrochen hat.

ABBILDUNG 4.4:
Eine Drossel wird während ihres nächtlichen Zuges über die offene Nordsee von einer Lampe, die den Namenszug der Forschungsplattform „FINO 1“ anstrahlt, angezogen. Mehrere Bilder wurden addiert, um die Bewegung zu veranschaulichen.

Vor allem in dunklen Nächten, bei Gegenwind und/oder bei Niederschlag verringern nachts ziehende Vögel ihre Flughöhe und können somit in den Bereich von Hindernissen gelangen. Zusätzlich werden sie in solchen Nächten *von beleuchteten Objekten angezogen* (Abb. 4.4). Auf See dürfte dieser Effekt noch stärker sein als an Land, da es für Landvögel auf hoher See naturgemäß keine Rastplätze gibt. So ist also insbesondere in Nächten mit hoher Zugintensität und ungünstigen Wetterbedingungen von hohen Kollisionszahlen auszugehen, welche diejenigen an Land deutlich übertreffen. Solche Nächte treten zwar alljährlich auf, in der Regel aber nur wenige Male pro Zugperiode. Dementsprechend verunglückte fast die Hälfte aller von uns auf der Forschungsplattform registrierten Kollisionsopfer in lediglich zwei Nächten (auch an anderen Strukturen ist die Mehrzahl aller Kollisionen auf nur wenige Nächte beschränkt). In beiden herrschten südöstliche Winde, die den Zug über See gefördert haben könnten, und eine mittlere bis starke niedrige Wolkenbedeckung mit Nebel oder Nieselregen, was vermutlich zu einer Verringerung der Flughöhe und zu einer verstärkten Anziehung durch die beleuchtete Plattform geführt hat.

Mit unseren Auswertungen konnten wir eindeutig nachweisen, dass die Mehrzahl der auf der Forschungsplattform aufgefundenen Vögel tatsächlich kollidiert ist. Nur in wenigen Fällen konnte ein Verhungern nicht ausgeschlossen werden: Fast alle Vögel waren in sehr guter Körperkondition, die ihnen ein problemloses Weiterfliegen ermöglicht hätte. Die Totfunde stellen vermutlich nur einen geringen Anteil der tatsächlich verunglückten Vögel dar, denn ein Großteil der kollidierten Vögel dürfte entweder ins Meer gefallen, bei starkem Wind über Bord geweht oder von den auf der Plattform rastenden Möwen schnell gefressen worden sein. Auffällig ist, dass fast ausschließlich in der Nacht ziehende Vogelarten betroffen waren, sodass von Hindernissen auf See für tagsüber wandernde Arten wie den Wiesenpieper anscheinend keine große Gefahr ausgeht.

Im hellen Licht der Großstädte fallen immer wieder Vögel erschöpft und orientierungslos „vom Himmel“, oft Wasservögel oder andere Arten, die man dort nicht erwarten würde. In New York haben sich sogar einige Wanderfalken darauf spezialisiert, Vögel zu jagen, die zwar noch nicht abgestürzt sind, aber desorientiert die hell beleuchtete Spitze des Empire-State-Building umfliegen. Sie haben offensichtlich gelernt, das Licht, das anderen Arten zum Verhängnis wird, zum eigenen Vorteil zu nutzen. Beleuchtete Hochhäuser sind auch anderenorts als Vogelfallen in Verruf geraten. Nordamerikanische Städte wie Toronto, Chicago und New York haben daher „Licht aus!“-Kampagnen gestartet, um Vogelverluste zu minimieren. In Deutschland hat kürzlich Heiko Haupt die Auswirkungen der Beleuchtung des neuen, über 160 m hohen „Post-Tower“-Hochhauses in Bonn auf die

Vogelwelt intensiv untersucht (Abb. 4.5). Dort wird mittels verschiedenfarbiger Leuchtstoffröhren und Strahler mit einer durchschnittlichen Gesamtleistung von 75 Kilowatt nicht nur wertvolle Energie verpulvert, während gerade der nächste Weltklimagipfel in Kopenhagen vorbereitet wird: Über Tausend Vögel aus 29 Arten wurden im 13-monatigen Untersuchungszeitraum unmittelbar an den erleuchteten Turm und seine Nebenanlagen gelockt und verloren hier ihre Orientierung. Zweihundert, also rund ein Fünftel, wurden dabei sofort getötet, weitere wurden verletzt und kamen vermutlich später noch um. Die Tiere kollidierten mit den Glasscheiben der Fassaden oder fielen zu Boden, nachdem sie im bzw. am Licht umhergeflattert waren. Die Anlock- und Irritationswirkung hat Heiko Haupt vorwiegend während des Herbstzuges, in geringerem Umfang auch während des Frühjahrszuges festgestellt. Sommergoldhähnchen, durchaus keine häufige Art, und Rotkehlchen waren besonders stark betroffen, aber auch Drosseln, Nachtigallen, Trauerschnäpper und Grasmücken waren unter den Opfern. Übrigens: Gemäß deutschem Tierschutzgesetz darf niemand einem Tier ohne vernünftigen Grund Schmerzen, Leiden oder Schäden zufügen.

ABBILDUNG 4.5:
Der „Post-Tower" in Bonn: Energieverschwender und Vogelfalle.

Die wirkungsvollste, aber zum Beispiel aus Sicherheitsgründen oft nicht praktikable Lösung des Attraktionsproblems ist natürlich, ganz auf Licht zu verzichten. Ein großes deutsches Chemieunternehmen schaltet aber schon seit 1983 die 1.700 40-Watt-Glühbirnen seines gigantischen Firmenlogos in Leverkusen mit 51 m Durchmesser während der Zugzeit ab, obwohl zuvor pro Jahr „nur" zwischen 14 und 65 Vögel vor allem durch Kollision mit den Haltedrähten umkamen. Mit der Abschaltung der Beleuchtung während der Hauptzugzeiten sank die Zahl auf null bis maximal fünf Kollisionsopfer, die bei den zweimal pro Woche durchgeführten Kontrollen gefunden wurden.

4.3 „Wie Motten zum Licht..."

Dass Insekten nachts vom Schein einer Lampe angezogen werden und sie dann bis zur Erschöpfung umschwirren, ist sprichwörtlich und war schon das Thema von Kapitel 3. Wenn an meinem Wohnort Helgoland in einer guten Zugnacht, also in einer sternklaren Nacht mit mäßigem Rückenwind, unerwartet Nebel oder Nieselregen aufkommt, drängt sich der Gedanke auf, dass dies bei Vögeln manchmal auch nicht anders als bei „Motten" ist. Stundenlang hört man die Rufe von Drosseln und Watvögeln, mal aus dieser, mal aus jener Richtung. Der alle fünf Sekunden über die Insel huschende Leuchtturmstrahl lässt die Vögel wie Schneeflocken im Autoscheinwerfer aufblitzen, manchmal etliche Dutzend gleichzeitig. Es sind oftmals so viele, dass sich nicht entscheiden lässt, ob es immer dieselben Individuen oder ständig neue sind. Erst wenn etwas Selteneres dabei ist, vielleicht ein Schwarm Kurzschnabelgänse, deren andauernde Rufe über mehrere Stunden aus verschiedensten Richtungen zu hören sind, verhärtet sich der Verdacht: Die Vögel sind „wie die Motten" im Schein des Leuchtturms und den anderen Lichtern der kleinen Insel draußen im Meer gefangen. Die Gewissheit erbrachten Studien amerikanischer Radarornithologen, die mit Zielfolgeradargeräten einzelne Vögel an Funktürmen verfolgen konnten. Ähnliches beobachteten wir mit einer Wärmebildkamera auf Helgoland (Abb. 4.6). Sobald auch nur einige Sterne wieder sichtbar werden, setzen die Vögel ihren Zug weiter fort.

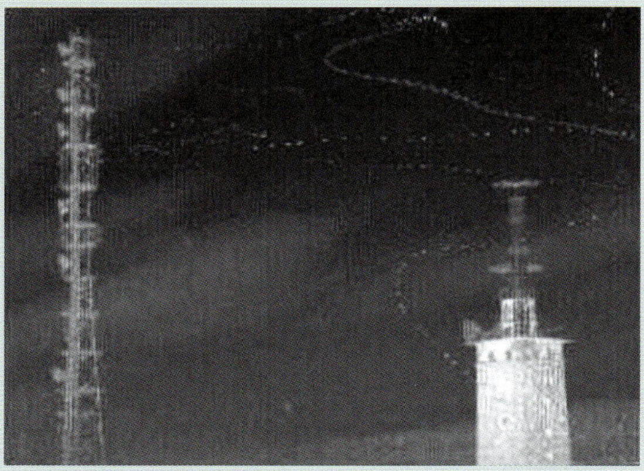

ABBILDUNG 4.6: Addierte Aufnahmen mit einer Wärmebildkamera veranschaulichen, wie Vögel nachts bei schlechter Sicht durch den Helgoländer Leuchtturm und den Gittermast-Funkturm von ihren geraden Zugwegen abgelenkt werden. Wegen der geringen Auflösung der Kamera sind allerdings Arten nicht bestimmbar.

Selbst hell erleuchtete Gewächshäuser können den Vogelzug beeinflussen, wie Untersuchungen an einer Großgewächshausanlage in Schleswig-Holstein ergaben. Wiederum veranlasste vor allem schlechte Sicht die Vögel zu niedrigerem Zug, zum Kreisen oder gar Landen. Wenn Vögel stundenlang im Lichtschein „gefangen" herumirren, anstatt ihren Zug fortzusetzen, kann das auch dann gravierende Konsequenzen haben, wenn Vögel nicht mit Hindernissen kollidieren: Die mitgeführten Energiereserven sind recht genau auf die vorgesehene nächste Etappe des Zuges abgestimmt, um unnötigen Ballast zu vermeiden. Wird die vorgesehene Flugzeit unnatürlich verlängert, werden Vögel zu einer Notlandung gezwungen, wenn ihre Kräfte zu Ende gehen. Für Landvögel über dem Meer bedeutet dies den sicheren Tod.

4.4 Sturmtaucher im Touristenzentrum

Nicht nur Zugvögel haben Probleme mit Licht. Auch nachtaktive Seevögel können seiner Attraktionswirkung erliegen. Viele der kleineren Röhrennasen, also Sturmtaucher, Sturmvögel und Sturmschwalben, sind nachtaktiv, vermutlich um den größeren Möwenarten und anderen tagaktiven Arten zu entgehen, die ihnen die Beute streitig machen oder die Vögel selbst fressen könnten. Etliche Arten jagen Tintenfische oder andere Beutetiere mit Biolumineszenz. Vielleicht werden sie auch deshalb von anderen Lichtquellen angezogen. Besonders betroffen sind Jungvögel bei ihren ersten Flügen. Statt auf das Meer hinauszufliegen, werden sie vom Licht menschlicher Siedlungen angezogen, fallen dort verletzt zu Boden, werden Opfer von Katzen und Hunden oder verhungern, weil sie sich nicht selbstständig wieder in die Luft erheben können. Viele Röhrennasen-Arten sind stark im Bestand zurückgegangen, mehr als die Hälfte von ihnen ist gefährdet, vor allem durch vom Menschen eingeführte Räuber und durch Effekte der Fischerei. Über die Einflüsse von künstlichem Licht ist noch wenig bekannt, obwohl viele Arten auf besiedelten Inseln brüten. Sehr früh wurde das Problem allerdings auf Hawaii und auf Réunion erkannt. Dort sind jeweils drei bzw. vier verschiedene Arten betroffen, zwei davon brüten ausschließlich auf Réunion und sind hochgradig gefährdet. An beiden Orten wurden Schutzmaßnahmen eingeleitet.

Die Kanarischen Inseln sind nicht nur ein äußerst beliebtes Reiseziel sonnenhungriger europäischer Urlauber und Standort astronomischer Großobservatorien (Kap. 1), sondern dank ihrer vielerorts wild zerklüfteten Landschaft auch ein wichtiger Brutplatz für Sturmtaucher und Sturmvöge . So leben auf der größten Kanaren-Insel Teneriffa neben rund 800.000 Menschen auch mehr als 3.000 Paare von sechs verschiedenen Röhrennasen-Arten. Am häufigsten brütet mit etwa zweieinhalb Tausend Paaren der Sepiasturmtaucher in den atemberaubenden Felshängen und -schluchten der Vulkaninsel. Alle Arten sind zumindest teilweise nachtaktiv. Seit 1990 wurde bekannt, dass sich Röhrennasen, vor allem unerfahrene Jungvögel, in die erleuchteten besiedelten Bereiche verflogen (Abb. 4.7), vor allem in die stets gleißend hellen Touristenzentren im Südwesten der Insel. Die Verwaltung Teneriffas hat zum Glück schnell reagiert und über die Medien, aber auch durch Vorträge in Schulen, Aushänge und Freilassaktionen mit Beteiligung der Öffentlichkeit auf das Problem aufmerksam gemacht. Die Bevölkerung wurde aufgerufen, verunglückte Röhrennasen einer

ABBILDUNG 4.7:
Auf der dicht besiedelten Kanareninsel Teneriffa brüten auch über dreitausend Paare Sturmtaucher und andere nachtaktive Röhrennasen. Die hell beleuchteten Siedlungen, hier Garachico ganz im Norden der Insel (links), ziehen die gerade flüggen Jungvögel magisch an. Sie landen wie dieser junge Atlantiksturmtaucher statt im Meer an Land (rechts), wo sie ohne menschliche Hilfe umkommen würden.

Pflegestation zu melden. Dort werden die Vögel gepflegt, beringt und bei Tage wieder freigelassen. Zu stark geschädigte Individuen müssen allerdings getötet werden. Die Brüder Airam und Beneharo Rodríguez haben gerade die Ergebnisse einer wissenschaftlichen Begleitstudie vorgestellt, die das Ausmaß des Problems verdeutlicht sowie Hintergründe und mögliche Auswirkungen auf die Populationen untersucht. Insgesamt wurden in den neun Untersuchungsjahren fast 10.000 Individuen aus neun verschiedenen Arten geborgen. Sepiasturmtaucher stellten mit 93 % die Masse der Opfer, 96 % davon waren unerfahrene Jungvögel, die bei ihren Versuchen, vom Brutplatz den Weg auf das Meer zu finden, verunglückt waren. Auch bei der zweithäufigsten Art, dem Kleinen Sturmtaucher, machten Jungvögel 90 % der Opfer aus. Besonders erschreckend ist dabei, dass sich beim Sepiasturmtaucher etwa die Hälfte aller auf Teneriffa ausfliegenden Jungvögel zunächst in hell beleuchteten menschlichen Siedlungen wiederfindet, beim Kleinen Sturmtaucher immerhin ein Drittel. Erstaunlicherweise war bei den kleineren Arten der Jungvogel-Anteil geringer. Warum Sturmtaucher und Sturmvögel so stark von Licht angezogen werden, ist noch weitgehend unklar.

Selbst bei der nächtlichen Beringung junger Trottellummen auf Helgoland beobachten wir, dass Licht für sie sehr attraktiv ist: Die noch nicht flugfähigen Küken springen erst nach Einbruch der Dämmerung von den Brutplätzen im Felsen in das Meer, wiederum um zu vermeiden, dass sie von Großmöwen erbeutet werden. Dennoch werden sie vom Schein unserer Stirnlampen und Suchscheinwerfer magisch angezogen und „denken gar nicht daran", ihren Eltern auf das offene Meer zu folgen. Erst wenn die Lampen abgeschaltet werden, setzen sie ihre Wanderung in einen neuen Lebensabschnitt fort.

Manchmal können desorientierte Vögel auch dem Menschen gefährlich werden: Vor Alaska brachten Schopfalken während eines Schneesturms ein 26 m langes Fischerboot in Seenot, weil sie massenweise auf dessen Deck landeten. Zeitweise befanden sich schätzungsweise 6.000 Individuen – entsprechend 1,5 Tonnen Biomasse – an Deck. Die Alken wurden „von Bord geschaufelt", bis das Problem nach Abschalten der Hauptlichter abnahm, sich aber weiterhin zahlreiche Vögel in der Umgebung aufhielten. Auch von anderen Orten (Azoren, Antarktis) ist bekannt, dass die Decksbeleuchtung von Schiffen Seevögel in großer Zahl anziehen kann.

4.5 Weiß, rot, grün oder gelb? Blitzen, Blinken oder Dauerlicht?

Die zentrale Frage, warum Vögel ins Licht fliegen, ist noch immer weitgehend unbeantwortet geblieben. Um sich unter dem Nachthimmel orientieren zu können, brauchen die Vögel offensichtlich zumindest einige Sterne oder genügend Hintergrundlicht. Erst wenn sie sich nicht mehr richtig orientieren können, versuchen sie „ihr Glück" dort, wo ihnen ein helles Licht die Möglichkeit zum Landen oder zum Weiterflug verheißt. Oft ist dieses Licht aber so grell, dass Vögel seine Umgebung nicht erkennen können. Sie finden weder einen sicheren Platz zum Landen, noch erkennen sie Spanndrähte, Geländer oder Scheiben, die zum tödlichen Hindernis werden. Generell lässt sich sagen, dass die Attraktion einer Lichtquelle für in der Nacht aktive Vögel mit der Lichtstärke zunimmt. In vielen Fällen wurde nachgewiesen, dass weniger Vögel anflogen, nachdem die Helligkeit reduziert wurde. Das ist natürlich häufig nicht möglich. Vielleicht lassen sich aber Verluste durch bestimmte Lichtfarben oder durch den Einsatz von Blink- anstelle von Dauerlicht vermindern?

So paradox es klingen mag: Wir wissen noch immer sehr wenig darüber, welchen Einfluss die Lichtfarbe auf das Verhalten von Vögeln hat. Zwar wurden seit den allerersten, mehr als hundert Jahre alten Veröffentlichungen Farben der Lichter von Leuchttürmen oder Warnlampen in ihrer Wirkung auf Vögel untersucht, doch selten sind die Bedingungen wirklich vergleichbar. Zu schnell ändern sich Zugintensität, Artenspektrum und Umweltbedingungen. Wurde in einem Leuchtturm die Intensität einer Lampe geändert, war dies meistens auch mit einem Wechsel des Lampentyps verbunden. Nächte mit starkem Vogelschlag sind ausgesprochen selten. Für die Forscher ist es entsprechend schwierig und aufwändig, sie auch tatsächlich zu „erwischen", um dann noch vergleichbare Messungen anzustellen. Und ebenso werden an die Technik besondere Anforderungen gestellt. Es ist nämlich gar nicht einfach, nachts die Flugwege der im Vergleich zu den großen Hindernissen winzigen Vögel zu untersuchen, erst recht nicht bei Nebel oder Nieselregen.

Vögel nehmen mehr Farben wahr als wir Menschen, obwohl Primaten hinsichtlich ihrer Farbsehfähigkeiten schon die besten unter den Säugern sind (Text S. 95). Somit könnte ihr Farbempfinden deutlich anders als unseres sein, was für uns eine Beurteilung verschiedener Lichtqualitäten besonders schwierig macht. Erschwerend kommt hinzu, dass Licht gewisser Wellenlängen offensichtlich die Rezeptoren des Magnetkompasses der Vögel beeinflusst.

Hinsichtlich der Lichtfarbe ergaben umfangreiche Literatur-Auswertungen durch Hauke Ballasus und Kollegen, dass Kollisionen vor allem für weißliches und rotes Licht beschrieben wurden. Kurzwelliges grünes und blaues Licht erschien als weniger nachteilig.

Können Vögel Farben sehen?

Für das Farbsehen von Wirbeltieren sind spezielle Sinneszellen in der Netzhaut „zuständig“, die Zapfen. Jeder Zapfentyp enthält ein Pigment, das Licht eines Ausschnitts des Spektrums absorbiert. Wahrscheinlich besaßen frühe Wirbeltiere vier verschiedene Zapfentypen (darunter ein Typ mit höchster Empfindlichkeit im ultravioletten Bereich). Während die aus den Dinosauriern entstandenen Vögel diese vier Typen sämtlich bewahrt haben, sind bei den Säugern im Laufe der Evolution zwei davon verloren gegangen, offensichtlich weil sie von den zunächst überwiegend nachtaktiven Säugetieren nicht mehr benötigt wurden. Bei den tagaktiven Altweltaffen ist aber später ein neuer Typ mit einem dritten Sehpigment mit höchster Empfindlichkeit im grünen Bereich vermutlich aus einer Mutation von gelbempfindlichen Zapfen neu entstanden. Wir sehen die Welt dadurch zwar viel bunter als die meisten unserer „Säugerkollegen“ aber längst nicht so differenziert wie Vögel: Bei ihnen dienen in die Zapfen eingelagerte rote, gelbe, fast farblose oder transparente Öltröpfchen als zusätzliche Filter für eine Einengung oder auch Verschiebung der von den Zapfen erfassbaren Wellenlängen. Damit können Vögel noch mehr Farben unterscheiden als dies mit den vier verschiedenen Zapfentypen ohnehin schon möglich ist. Ihre visuelle Welt ist also viel farbenreicher als unsere.

Niederländische Kollegen fanden entsprechend mittels verschiedener Farbfilter an einer Lichtquelle im Freiland heraus, dass ziehende Vögel von blauem und grünem Licht am geringsten, von weißem und rotem Licht aber stark angezogen wurden. Die Ergebnisse sind allerdings mit Vorsicht zu bewerten, da durch Filterung nicht nur die Farbe, sondern je nach Wellenlänge auch die Helligkeit unterschiedlich stark reduziert wird. Vielleicht ist dies der Grund, weswegen William Evans und seine Kollegen in ihren Experimenten mit gefiltertem Licht von Halogenscheinwerfern auf ganz andere Ergebnisse kamen. Sie konnten bei Versuchen „in den Wolken“ zeigen, dass Vögel von weißem, grünem und blauem Licht angelockt wurden, nicht jedoch von rotem Licht, obwohl dessen spektrale Intensität doppelt so hoch war wie die des grünen und dreimal so hoch wie die des blauen Lichtes. Da der Lichtfarbe anscheinend große Bedeutung bei der Anziehung von Vögeln zukommt, verwundert es nicht, dass auch der Lampentyp nicht unerheblich ist. Quecksilberdampflampen, die auch Licht im UV-Bereich emittieren, sind offenbar als besonders kritisch einzustufen, ebenso Natriumdampflampen. Hinsichtlich der Lichtqualität sind aber noch sehr viele Fragen offen, die dringend der Klärung bedürfen.

Die Umweltwissenschaftlerin Katrin Hill wollte genauer wissen, wie sich der Blinkrhythmus von Kunstlicht auswirkt, weil daraus vielleicht wichtige Empfehlungen für die Praxis ableitbar sind. In ihrer Diplomarbeit untersuchte sie das Verhalten von Singvögeln unter standardisierten Bedingungen im Labor. Während des Heimzugs gefangene Rotkehlchen wurden vorübergehend in kreisrunde Orientierungskäfige gesperrt, mit denen man nicht nur das Ausmaß der nächtlichen Zugunruhe (zum Beispiel als Anzahl der Hüpfer pro Stunde), sondern auch eine eventuelle Richtungsbevorzugung untersuchen kann (Abb. 4.8). Wie erwartet bevorzugten zugunruhige Rotkehlchen, die keinem künstlichen Lichtreiz ausgesetzt waren, nördliche bis nordöstliche Richtungen, entsprechend der Hauptzugrichtung, die wir aus Wiederfunden auf Helgoland beringter Rotkehlchen kennen. Wurde aber eine kleine, schwache gelbe Leuchtdiode angeschaltet, die eine Lampe für die

ABBILDUNG 4.8:
Einem Rotkehlchen wurde ein kleines Stück Klebeband auf dem Kopf befestigt. Im Orientierungskäfig blitzt das Klebeband im auch für Vögel unsichtbaren Infrarot-Licht der Videokamera hell auf. So kann per Computer jede Bewegung des Rotkehlchens automatisch verfolgt werden.

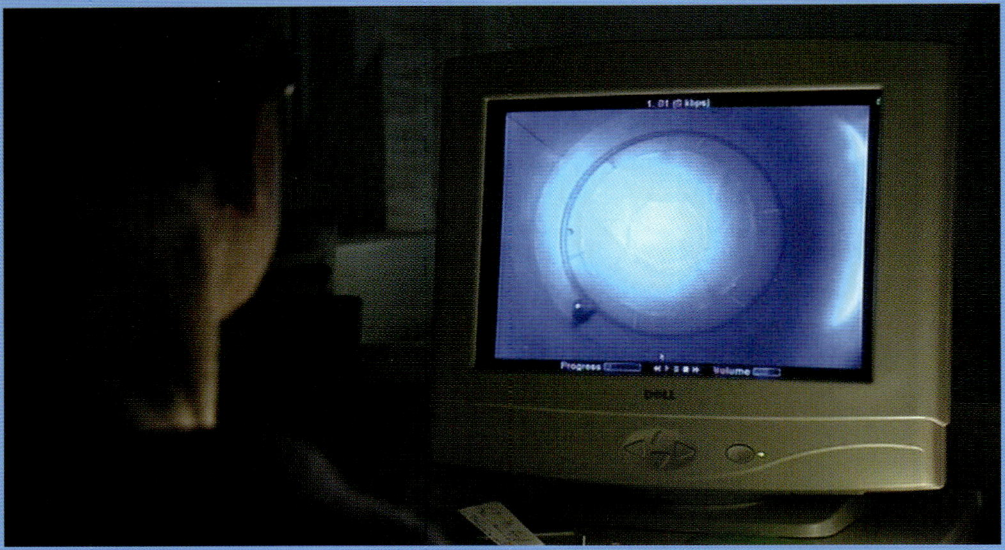

Schiffssicherheit simulieren sollte, ließen sich viele Individuen von ihr ablenken und veränderten ihre bevorzugte Richtung. Dabei wirkte Dauerlicht deutlich stärker als Blinklicht im Rhythmus drei Sekunden „aus", eine Sekunde „an". Die geringste Wirkung wurde beobachtet, wenn die Leuchtdiode innerhalb von vier Sekunden nur 50 Millisekunden leuchtete. Die Ergebnisse bestätigen Befunde aus dem Freiland. Die bereits erwähnte Arbeitsgruppe um William Evans beobachtete an ihren Versuchsscheinwerfern in den Wolken Vögel nur bei Dauerlicht, aber nicht, wenn die Scheinwerfer als weißes Blitzlicht betrieben wurden. Nach Travis Longcore, Catherine Rich und Sidney Gauthreaux ist das Lichtregime vermutlich sogar der maßgeblichste Faktor für Attraktionen und folgende Kollisionen. Sie bestätigen anhand mehrerer Beispiele von Leucht- und Funktürmen, dass die Opferzahlen mit der Umstellung von Dauerlicht auf unterbrochenes Licht deutlich zurückgingen.

4.6 Maßnahmen zur Verminderung und Vermeidung negativer Einflüsse von Lichtquellen auf Vögel

Das Patentrezept, um Probleme von Vögeln mit Lichtquellen zu vermeiden, lautet ganz einfach: *Licht aus!* Das ist natürlich alleine schon aus Sicherheitsgründen meistens nicht praktikabel. Zumindest sollte aber die Lichtintensität immer so niedrig wie möglich gehalten werden. Eine weitere einfache Maßnahme ist die *Abschirmung einer Lichtquelle nach oben*. Damit konnte zum Beispiel auf Hawaii die Zahl der Anflüge junger Sturmvögel um 40 % reduziert werden. Eine *unterbrochene Lichterführung* ist einer Dauerbeleuchtung unbedingt vorzuziehen. Speziell bei Offshore-Windkraftanlagen haben wir Bedenken hinsichtlich der Beleuchtung des Mastes, der in den unteren 15 m dauerhaft mit gelbem Licht beleuchtet werden soll. Wie wir gesehen haben, zieht gerade Dauerlicht Vögel am stärksten an.

Neuerdings wird noch eine besondere technische Lösung diskutiert, die viele Verluste verhindern könnte: Mit speziellen Sensoren, wie zum Beispiel Radar und bordeigenen Transpondern, ließe sich kontinuierlich überwachen, ob sich ein Schiff oder Flugzeug einem Hindernis nähert. Erst wenn das der Fall ist, würden dessen Warnlampen angeschaltet. Dies käme auch an Land Menschen zugute, die zum Beispiel in der Nähe von Windanlagen wohnen und sich durch deren Sicherheitsbeleuchtung gestört fühlen.

In wenigen Ausnahmefällen kann aber auch „Licht an!" helfen. Hugo Weigold konnte Verluste am Helgoländer Leuchtturm dadurch verhindern, dass er den Leuchtturm durch Vogelschutzlampen (Abb. 4.9) als Hindernis erkennbar machte. Weigolds Vogelschutzleuchten durften übrigens nicht immer brennen, sondern nur bei Bedarf angeschaltet

ABBILDUNG 4.9: Hugo Weigold, der Gründer der „Vogelwarte Helgoland", ergriff bereits in den 20er Jahren Maßnahmen, um den Vogelschlag am (alten) Helgoländer Leuchtturm zu vermindern. Einfache „Vogelschutzlampen" machten den Leuchtturm für Vögel als Hindernis erkennbar und reduzierten bei vielen, aber längst nicht allen Arten die Opferzahlen deutlich.

werden, weil, wie es Anfang der 20er Jahre hieß, „das verarmte Deutschland an Strom sparen muß“. Wie sich doch die Einstellung zum Stromsparen ändern kann!

Literatur:

Ballasus, H., K. Hill & O. Hüppop, 2009, Gefahren künstlicher Beleuchtung für Vögel und Fledermäuse. Berichte zum Vogelschutz, im Druck.

Berthold, P., 2008, Vogelzug. Eine aktuelle Gesamtübersicht. 6. Auflage. Wissenschaftliche Buchgesellschaft, Darmstadt.

Brombach, H., 2000, Industrieunternehmen schaltet Lichtreklame zum Schutz von Zugvögeln ab. Charadrius 36, S. 131.

Evans, W. R., Y. Akashi, N.S. Altman & A.M. Manville, 2007, Response of night-migrating songbirds in cloud to colored and flashing light. North American Birds 60, S. 476–488.

Goldsmith, T.H., 2007, Vögel sehen die Welt bunter. Spektrum der Wissenschaft 1/2007: S. 96–103.

Haupt, H., 2009, Der Letzte macht das Licht an! Zu den Auswirkungen leuchtender Hochhäuser auf den nächtlichen Vogelzug am Beispiel des „Post-Towers“ in Bonn. Charadrius: im Druck.

Lammen, C. & E. Hartwig, 1994, Vogelschlag an einem Sendemast auf Sylt: Ein Vergleich zu Windkraftanlagen. Seevögel 15, S. 1–4.

Larkin, R.O. & B.A. Frase, 1988, Circular paths of birds flying near a broadcasting tower in cloud. Journal of Comparative Psychology 102, S. 90–93.

Longcore, T., C. Rich & S.A. Gauthreaux, Jr., 2008, Height, guy wires, and steady-burning lights increase hazard of communication towers to nocturnal migrants: a review and meta-analysis. The Auk 125, S. 485–492.

Poot, H., B.J. Ens, H. de Vries, M.A.H. Donners, M.R. Wernand & J.M. Marquenie, 2008, Green light for nocturnally migrating birds. Ecology and Society 13, S. 47.

Rich, C. & T. Longcore, 2006, Ecological consequences of artificial night lighting. Island Press. Washington, Covelo, London.

Rodríguez, A. & B. Rodríguez, 2009, Attraction of petrels to artificial lights in the Canary Islands: effects of the moon phase and age class. Ibis 151, S. 299–310.

Weigold, H., 1924, Der blendende Tod. Sonderdruck aus Naturschutz, 5, Heft 4, S. 73–77

Wiltschko, W. & R. Wiltschko, 2007, Magnetoreception in birds: two receptors for two different tasks. Journal of Ornithology 148, Supplement 1, S. 61–76.

ABBILDUNG 5.1:

Eine leicht verletzte Meeresschildkröte der Spezies *Chelonia mydas*, die in einem großen Schwimmbecken des Mote Marine Laboratory in Florida gesundgepflegt wird.

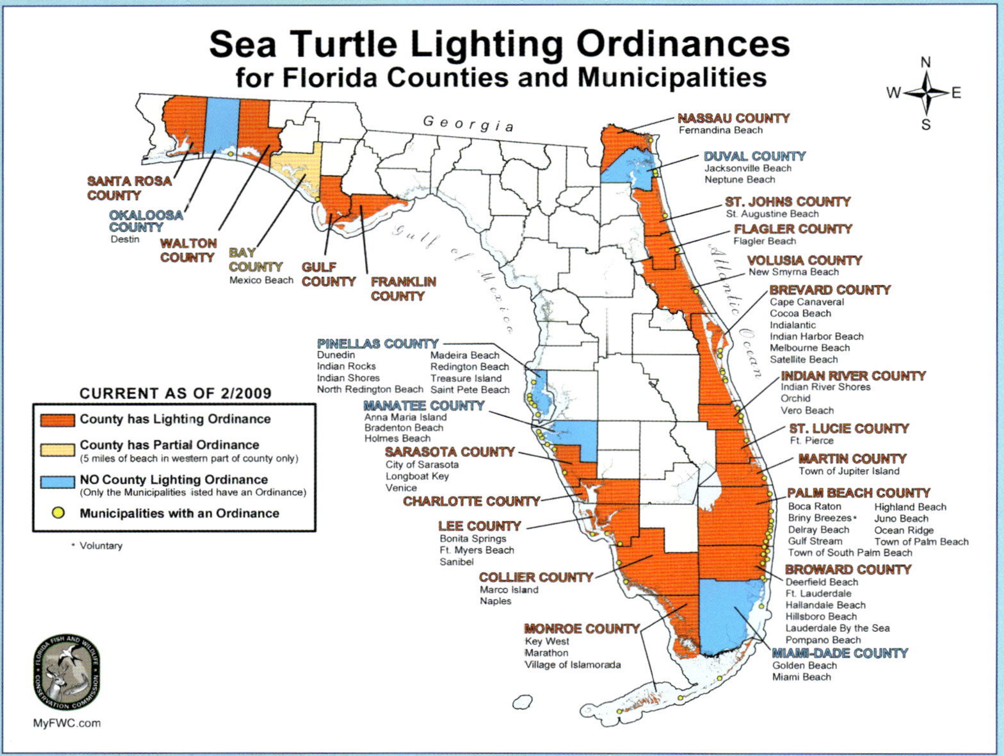

ABBILDUNG 5.2

Übersicht über die Halbinsel Florida. Einige Küstenbereiche und Städte haben lokale Beleuchtungsverordnungen (orange Flächen und gelbe Punkte), andere nicht (blaue Flächen). Durch saisonale Beleuchtungseinschränkungen können Meeresschildkröten geschützt werden.

„Nur der Wechsel ist wohltätig.
Unaufhörliches Tageslicht ermüdet.“
(Wilhelm von Humboldt)

5 MEERESSCHILDKRÖTEN ALS OPFER DER STRANDBELEUCHTUNG

von Christin Borgwardt und Tony Tucker

5.1 Meeresschildkröten

Das vorliegende Kapitel handelt vom Einfluss künstlichen Lichts auf eine in Mitteleuropa relativ wenig bekannte Familie von Tieren: Meeresschildkröten. Bevor auf deren Bedrohung durch Strandbeleuchtung eingegangen wird, sei einleitend Einiges über die Eigenschaften und die Stellung dieser Reptilien im Tierreich gesagt.

Schildkröten gehören zu den ältesten Reptilien unserer Erde. In der Ordnung der Testudinata (Schildkröten) werden zwei Unterordnungen unterschieden: die Wendehalsschildkröten (*Pleurodira*) und die Halsbergerschildkröten (*Cryptodira*). Dabei birgt die letztere mit insgesamt 11 Familien die meisten Arten (insgesamt etwa 300). Zwei dieser Familien, die Lederschildkröten (*Dermochyelyae*) und die Meeresschildkröten im engeren Sinne (*Cheloniidae*), werden zu den Meeresschildkröten im weiteren Sinne zusammengefasst. Diese stellen mit insgesamt nur sieben Arten eine kleine Gruppe innerhalb der Schildkröten dar.

Alle sieben Arten kommen in den tropischen und subtropischen Regionen der Erde vor und sind sowohl an den Küsten als auch auf hoher See zu finden.

Die Lederschildkröte (*Dermochelys coriacea*) ist mit einer Panzerlänge von bis zu 2 m und einem Gewicht von bis zu 500 kg die größte lebende Meeresschildkröte. Die Knochen und Hornpanzer der Lederschildkröte sind zu einer ledrigen Haut mit kleinen Knochenplatten zurückgebildet. Wie auch bei den anderen Arten sind die Extremitäten zu Flossen umgebildet und können nicht mehr in den Panzer eingezogen werden, wie es bei den anderen Familien der Fall ist. Die zweitgrößte Art unter den Meereschildkröten ist die Suppenschildkröte oder auch Grüne Schildkröte (*Chelonia mydas*) mit einer Panzerlänge von bis zu 1,40 m und einem Gewicht von bis zu 350 kg (Abb. 5.1). Die Unechte Karettschildkröte (*Caretta caretta*) bleibt hingegen mit einer Größe von bis zu 1,20 m und einem Gewicht von bis zu 110 kg vergleichsweise klein und leicht.

Alle drei Arten haben gemeinsam, dass sie an der Küste der Halbinsel Florida (Abb. 5.2) vorkommen und deren Strände als Nistplätze benutzen. Seit 1979 wurden dort die Eiablagen der Schildkröten beobachtet. Über 90% der Nester werden an den südöstlichen Stränden gebaut. Mindestens 17.000 Weibchen der Spezies *Caretta caretta* schaffen es, jährlich mehr als 70.000 Nester an den Stränden Floridas zu bauen [1]; das bedeutet, dass hier die weltweit zweitgrößte Population dieser Art lebt. Ein Weibchen gräbt in einer Brutzeit mehrere (drei bis fünf) Nistgruben, in denen sie pro Grube durchschnittlich hundert Eier ablegt. Die Jungtiere wiegen nach dem Schlüpfen gerade einmal 16–18 g und machen sich auf den Weg ins Meer (Abb. 5.3 und 5.4). Dort angelangt, werden sie von der Strömung auf die offene See getragen und schwimmen dann 24 bis 36 Stunden ohne Unterlass, um an die Futterplätze, an denen sie aufwachsen werden, zu gelangen [2]. Insgesamt erlangen im Durchschnitt nur zwei aus einem Nest geschlüpfte Jungtiere in einem Alter von 20–30 Jahren die Geschlechtsreife. Weibchen kehren zeitlebens zur Eiablage an den Strand ihrer eigenen Geburt zurück. Die Rückkehr an die Strände findet nicht jedes Jahr statt, sondern im Abstand von mehreren Jahren. In der Zwischenzeit tanken die Weibchen in den Nahrungsgründen genug Energie, um erneut die beschwerliche Reise zu den Küsten anzutreten und um Eier produzieren zu können. Wie es die Weibchen schaffen, immer wieder an den gleichen Strand zurückzukehren, ist nicht bis in jedes Detail geklärt. Man nimmt an, dass sich die Tiere durch magnetische Landmarken an ihren Geburtsort erinnern. Experimente konnten bisher aufzeigen, dass sich Schildkröten durch geomagnetische und visuelle Reize orientieren [3,4,5].

ABBILDUNG 5.3:
Frisch geschlüpfte Meeresschildkröten auf ihrem Weg in Richtung Meer.

ABBILDUNG 5.4:
Junge Meeresschildkröten bewegen sich weg von den Dünen und weg vom bewachsenen Lebensraum hin zum niedrigsten und natürlicherweise auch nachts hellsten Horizont. Die Spuren der jungen Unechten Karettschildkröten führen direkt in Richtung Meer.

5.2 Die Nestplatzwahl der Weibchen und das Schlüpfen der Jungtiere

Weibchen bevorzugen abgelegene dunkle Strände zur Eiablage. Der Nestbau selbst und die Eiablage finden in der Nacht – bei niedrigeren Temperaturen als tagsüber – statt. Zu dieser Zeit ist die Gefahr geringer, von Nesträubern wie Waschbären und Gürteltieren entdeckt zu werden. Zuerst wird mit den Vorderflossen eine flache Kuhle für den Körper ausgehoben, dann wird mit den Hinterflossen die Eikammer gegraben. In die Eikammer wird das Gelege platziert und anschließend mit Sand bedeckt. Um das Nest noch besser zu tarnen, scharren die Weibchen anschließend losen Sand auf das Nest oder drehen sich darauf um die eigene Achse, um keine Spuren zu hinterlassen. Danach kehren die Weibchen in der Regel wieder auf direktem Weg ins Wasser zurück und hinterlassen ihre ungeschützten Nester am Strand. Die Embryonalentwicklung wird temperaturabhängig innerhalb von 45 bis 75 Tagen abgeschlossen.

Nachdem die Jungtiere die Eier aufgebrochen haben, graben sie sich Richtung Sandoberfläche empor. Ist es unterhalb der Oberfläche noch sehr heiß, verharren die Jungtiere im Sand und warten, bis sich die Temperaturen nach Sonnenuntergang abgekühlt haben. Dann stoßen sie an die Oberfläche. Bereits wenige Minuten nach ihrem Erscheinen an der Strandoberfläche begeben sie sich direkt ins Meer. Aber wie schaffen es die Schildkröten, an einem dunklen Strand das Meer zu finden? Die Schlüsselreize, auf welche die Jungtiere reagieren, sind eigentlich einfach zu erklären. In einem Sichtfenster mit einem waagrechten Öffnungswinkel von 180° und einem vertikalen Winkelbereich von –10° (unter dem Horizont) bis +30° (über dem Horizont) werden Lichtreize aus der Umgebung wahrgenommen. Die Jungtiere bewegen sich weg von der Dunkelheit dem helleren, tiefer gelegenen Meer zu. Die Dunkelheit, die hinter den Tieren liegt, wird natürlicherweise durch die Dünen und die dazugehörige Vegetation erzeugt, die höher liegen als das Nest. Im Gegensatz dazu werden in dem tiefer als das Nest befindlichen Meer das Licht der Sterne und das Mondlicht gespiegelt und reflektiert: Dieser Lichtreiz gibt die Bewegungsrichtung der Schildkröten vor.

Einsame, dunkle Strände, wie sie als Nistplätze der Schildkröten optimal wären, sind jedoch mittlerweile eine Rarität geworden (Abb. 5.5). Seit den 20er Jahren des 19. Jahrhunderts ist die Einwohnerzahl in Florida von einer Millionen auf 16 Millionen Einwohner angewachsen. Eine enorme Zuwanderung hat aus der einst beschaulichen Halbinsel einen von Metropolen dominierten Bundesstaat gemacht. Die meisten Städte (Tampa, St. Petersburg, Miami, St. Augustin, Fort Lauderdale) liegen heute an der Küste und ziehen sich wie eine Kette an dieser entlang. Die Strände wurden mit Strandhotels und Wohnhäusern, die einen schönen Blick auf das Meer bieten, bebaut (Abb. 5.6). Für die Schildkröten allerdings birgt diese Besiedlung aufgrund des künstlichen Lichts neue Gefahren ([6] und Abb. 5.7).

5.3 Der Einfluss künstlichen Lichts auf die Nestplatzwahl der Weibchen

Durch künstliches Licht werden das Verhalten der Schildkrötenweibchen bei der Nistplatzwahl und die Orientierung der Jungtiere zum Wasser beeinflusst. Um diesen Einfluss von künstlichem Licht zu untersuchen, wurden von Witherington Experimente an Unechten Karettschildkröten in Florida und an Suppenschildkröten in Costa Rica durchgeführt [7]. Es wurden Strände gesucht, die dunkel und vom Menschen unbeeinflusst sind und somit ideale Nistbedingungen für die beiden Schildkrötenarten bieten. An diesen Stränden

ABBILDUNG 5.5:

Drei unterschiedlich dunkle Küsten in Florida. Die obere ist kaum von künstlichem Licht beeinträchtigt. Im mittleren Teilbild die Küstenlinie von Sarasota County bei Nacht, wo zumindest der Horizont sehr stark aufgehellt ist. Unten ein durch Lichter aus Hotels und Wohnhäusern sehr stark erleuchteter Küstenbereich.

wurden mit tragbaren Generatoren betriebene Quecksilberdampflampen aufgebaut. Wurden diese Lampen in der Nacht eingeschaltet, ging die Nistaktivität auf Null zurück. Wurden die Generatoren allerdings mit Natriumdampf-Niederdrucklampen ausgestattet, die fast monochromatisches gelbes Licht aussenden, oder aber das Licht ausgeschaltet, ging die Nistaktivität wieder auf einen Normalwert zurück.

Natürlich herrscht an den meisten Stränden in Florida eher diffuses Licht vor, das nicht so extrem gebündelt ist wie das von Witherington angewendete. Doch auch diese von uns als diffuses Licht wahrgenommene Beleuchtung führt schon zu einer Abnahme der Nester am Strand.

In der Stadt Boca Raton, Florida, wurde festgestellt, dass die Unechten Karettschildkröten ihre Nester bevorzugt an den dunkelsten Stellen des Strandes bauen. Diese Stellen befinden sich vor jenen Ferienwohnhäusern, die im Sommer nicht genutzt werden [8]. Ein deutlich positiver Zusammenhang konnte zwischen der Höhe der umliegenden Gebäude und der Anzahl und Gruppierung der gebauten Nester beobachtet werden. Augenscheinlich stellen die erwähnten Gebäude Lichtbarrieren dar und spenden Schattenplätze vor dem nächtlichen städtischen Lichthintergrund. Je höher die Gebäude sind, desto mehr Schatten spenden sie und desto attraktiver sind diese Plätze für die Weibchen. Andere Untersuchungen [9] haben gezeigt, dass die drei floridianischen Arten (Unechte Karett-, Suppen- und Leder-

ABBILDUNG 5.6
Außenbeleuchtungen von Wohnanlagen, Hotels und Einfamilienhäusern sind die Hauptursache für die Desorientierung vieler Meeresschildkröten entlang bebauter Küsten.

ABBILDUNG 5.7:
Ein Weibchen der Spezies Unechte Karettschildkröte, das – durch Licht desorientiert – landeinwärts gekrochen ist und auf der Straße von einem Auto überfahren wurde.

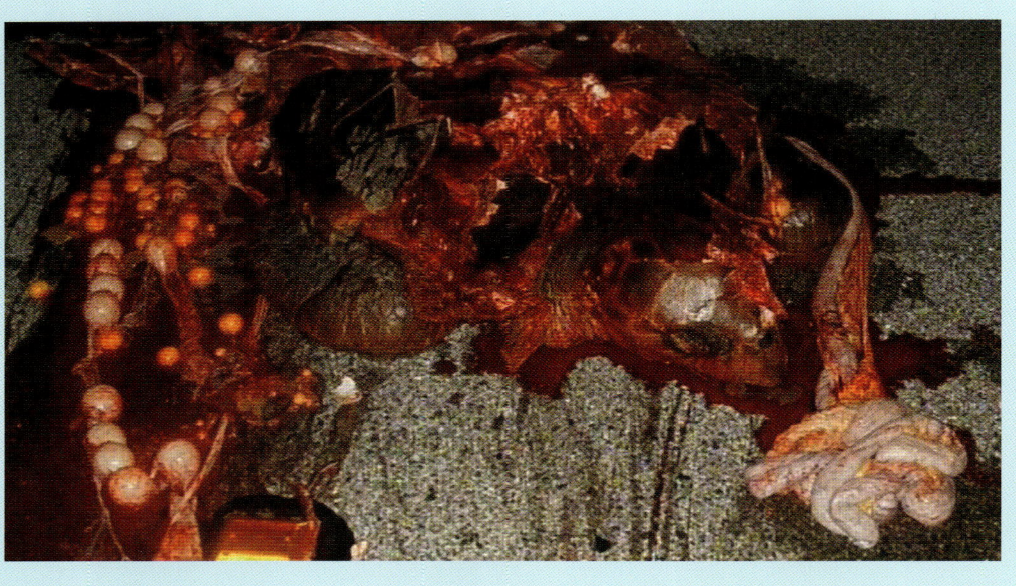

schildkröte) dieselben dunklen Strände zum Nisten bevorzugen. Diese Tatsache lässt vermuten, dass sich auch die Weibchen der anderen Arten an der Beleuchtung des Strandes orientieren und sich in ihrem Verhalten der Entwicklung der Küste anpassen.

Ob das Licht jedoch einen Einfluss auf den Nisterfolg (also das Verhältnis der gelegten Eier zu den geschlüpften Jungtieren) hat, konnte bisher nicht gezeigt werden. Insgesamt konnten die Untersuchungen nur belegen, dass das Licht die Auswahl des Nistplatzes beeinflusst und sich somit die Nester auf wenige dunkle Plätze konzentrieren. Dies hat jedoch eine erhöhte Sterblichkeit der Jungtiere zur Folge [10].

5.4 Der Einfluss künstlichen Lichts auf die Orientierung der Jungtiere

Dass die Bewegung der Jungtiere Richtung Meer von künstlichem Licht beeinflusst wird, kann man anhand von Flossenabdrücken belegen, die morgens am Strand sichtbar sind. Zwei Arten von Orientierungslosigkeit werden unterschieden. Zum einen die *Desorientierung* der Jungtiere: Sie können sich nicht mehr geradewegs in eine bestimmte Richtung bewegen, sondern kreisen orientierungslos am Strand umher, ohne das rettende Meer zu finden. Zum anderen die *Fehlorientierung*: Die Jungtiere schlagen den direkten Weg zu einer künstlichen Lichtquelle ein. Durch beide Arten von Beeinträchtigung ihrer Orientierung schwindet die Überlebenschance der geschlüpften Tiere [11]. Desorientierte Jungtiere finden vielleicht mit etwas Glück das Wasser, haben aber beim Umherirren wertvolle Energie vergeudet, die sie bei ihrer Wanderung in tiefere Gewässer dringend benötigen. Fehlorientierte Jungtiere haben ein deutlich schwereres Los. Sie können in der Dünenvegetation hän-

ABBILDUNG 5.8:
Im Straßenverkehr umgekommene junge Meeresschildkröten, die durch nicht abgeschirmte Straßenbeleuchtung bzw. durch die Beleuchtung eines Hotelparkplatzes desorientiert wurden.

gen bleiben, oder am nächsten Tag in der Sonne vertrocknen, und sie bieten einfache Beute für ihre natürlichen Feinde an Land. Viele Jungtiere treffen – wenn sie doch auf das Ende des Strandes gestoßen sind – auf eine Küstenstraße und werden von Autos überfahren (Abb. 5.8) oder sie sammeln sich hilflos unter Straßenlaternen. Es wird davon ausgegangen, dass jährlich Zehntausende Schildkrötenjungtiere durch Fehlorientierung aufgrund künstlicher Beleuchtung sterben ([12] und Tabelle 5.1).

Es stellt sich die Frage, warum Jungtiere stärker von künstlichem Licht beeinflusst werden als ihre Mütter, die meist problemlos wieder den Weg ins Meer finden. Eine Erklärung wäre, dass die Jungtiere viel sensibler auf Licht reagieren als erwachsene Tiere. Eine weitere Erklärung könnte sein, dass die beiden Altersstadien auf unterschiedliche visuelle Reize reagieren. Weibchen, die an künstlich beleuchteten Stränden ihre Eier ablegen wollen,

TABELLE 5.1: Zusammenfassung dokumentierter Fälle der Desorientierung von Meeresschildkröten in Florida. Diese Studie zeigt leider noch keinen Rückgang der Desorientierung von Meeresschildkröten in Florida. (Quelle: Florida Fish and Wildlife Conservation Commission, Marine Turtle Lighting Workshop)

Jahr	2000	2001	2002	2003	2004	2005	2006	2007	2008
Gesamtzahl der desorientierten Individuen junger Schildkröten	46.845	28.674	43.226	79.357	46.487	41.521	71.798	64.433	49.623
Gesamtzahl der Vorfälle der Desorientierung ausgewachsener Schildkröten	22	19	37	18	24	50	40	25	62

bewegen sich auf dunkle Strandabschnitte zu. Diese werden, wie bereits erwähnt, durch dunkle Objekte (Wohnhäuser) gebildet, die Schatten vor künstlicher Beleuchtung spenden. Haben die Weibchen die Eiablage beendet, wenden sie sich von den dunklen Objekten ab und müssen diese nur hinter sich lassen, um wieder ins Meer zu gelangen. Die Jungtiere hingegen beziehen in ihre Orientierung einen größeren Winkelbereich ein (ca. 180°) und werden zu den hellsten Lichtpunkten hingezogen. Normalerweise ist die Meeresoberfläche der hellste Ort in ihrer Umgebung. Die Lichtquelle selbst muss für die Jungtiere nicht direkt sichtbar sein; es reicht bereits, wenn das Licht von der Himmelsaufhellung, von Lücken zwischen Gebäuden oder der Dünenvegetation kommt.

5.5 Wie kann man junge Meeresschildkröten vor künstlichem Licht schützen?

Will man Meeresschildkröten vor künstlichem Licht schützen, dann geht es dabei vor allem um die Jungtiere. Der Einfluss des künstlichen Lichts auf ihr Verhalten ist leichter zu erkennen. In Florida werden unter anderem als Schutzmaßnahme die Nester verlegt. An Stränden mit viel künstlichem Licht werden die Eier ausgegraben und an dunkleren Stränden wieder eingegraben. In einigen dieser neuen Brutgebiete werden die Nester eingezäunt, um Räuber fern zu halten. Zweimal in der Nacht (Abb. 5.9), am späten Abend und am frühen Morgen, werden die geschlüpften Jungtiere aus den Umzäunungen herausgenommen und am Strand in Wassernähe ausgesetzt. Andere Gelege werden ohne Zaun wieder eingegraben und die Jungtiere müssen selbst ihren Weg ins Meer finden. Das Umsetzen der Gelege ist zum einen jedoch kostenintensiv, zum anderen auch nicht ganz unproblematisch. Werden die Gelege nicht zum richtigen Zeitpunkt (innerhalb von 12 Stunden nach der Eiablage) umgesetzt, kann der Transport der Eier zum Eitod führen.

Eine weitere Möglichkeit, die Nester zu schützen, ist, Käfige über die Nester zu bauen. Maschendrahtkäfige, die oben geöffnet sind und im Sand verankert werden, werden um die Nester gesetzt. Sogenannte selbstfreisetzende Käfige haben an der zum Wasser hin zeigenden Seite eine Klappe, die den Schildkröten erlaubt, den Käfig zu verlassen. Nichtselbstfreisetzende Käfige sind geschlossen und müssen von Naturschutzpersonal zweimal nächtlich kontrolliert werden, um die Jungtiere dann an den dunklen Stränden zu entlassen. Werden die Eier oder Nester immer an denselben Stränden geschützt, hat dies auch zur Folge, dass sich Fraßfeinde daran gewöhnen. So konnte beobachtet werden, dass Raubfische (z.B Tarpun, Mangroven-Schnapper) innerhalb weniger Wochen lernen, wo die Schildkröten gehäuft ins Wasser gelangen [13]. Außerdem haben Experimente in jüngster Zeit gezeigt, dass die Metallkäfige das Erdmagnetfeld im Bereich der sich entwickelnden Eier lokal

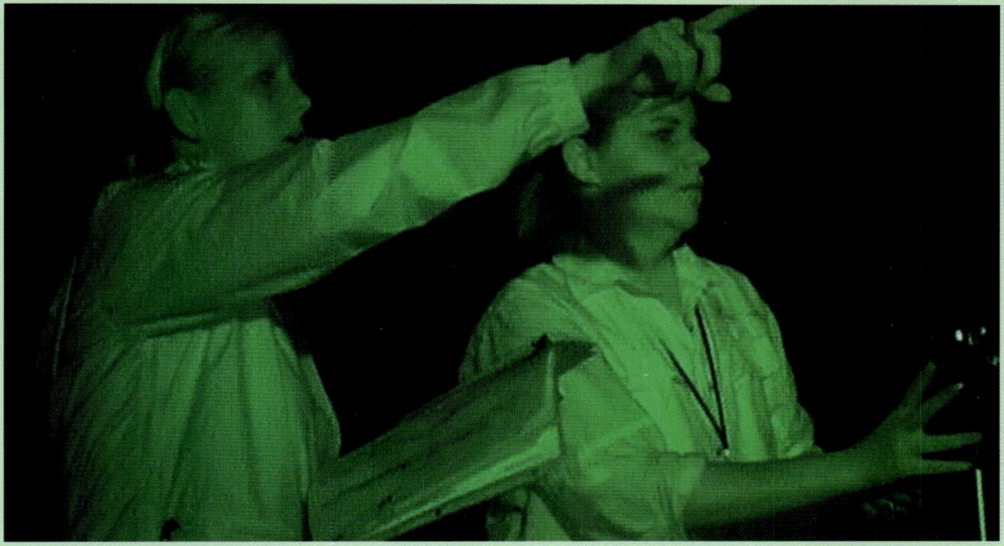

ABBILDUNG 5.9:
Oben: Tony Tucker an einem Maschendrahtkäfig zum Schutz frisch geschlüpfter Jungtiere. Beide Bilder wurden mit Wärmebildkameras gewonnen.
Unten: Die Biologinnen Kenya Leonard und Keri Ferenc-Nelson inspizieren künstliche Lichtquellen zu Anfang der Brutsaison, um die Küstengebiete für die Meeresschildkröten möglichst dunkel zu halten.

verändern und so schließlich dazu führen, dass die geschlüpften Schildkröten ihren „magnetischen Kompass" nicht richtig einsetzen können, um fernab der Küsten zu navigieren.

Schildkrötenjungtiere reagieren auf unterschiedliche Wellenlängen des Lichts in unterschiedlichem Maße. Einige reagieren besonders auf kurze Wellenlängen (blaues oder grünes Licht) und reagieren weniger oder gar nicht auf längere Wellenlängen, wie die Unechte Karettschildkröte [14]. Dies führte zu dem Versuch, Filtersysteme für Straßenlaternen zu entwickeln, die nur langwelliges Licht durchlassen.

Die Firma *General Electric Lighting Systems* hat zwei Filter zur Elimination der kurzwelligen Lichtanteile entwickelt. Einer der Filter lässt kein Licht mit einer Wellenlänge kürzer als 530 nm (sog. Filter 2422) und der andere keines mit einer Wellenlängen kürzer als 570 nm (sog. NWL Filter) passieren [13]. Entlang der Küste Floridas wurden die Filter 2422 an den Straßenlaternen installiert. Die Straßenlaternen waren mit Natriumdampf-Hochdrucklampen, von denen man wusste, dass ihr Licht die Schildkrötenjungtiere fehlleitet, bestückt. Bei erfolgreichem Einsatz der Filter sollte das durchkommende Licht nicht mehr für die Jungtiere attraktiv sein und sie somit nicht mehr fehlleiten. Mehrere Vorteile durch den Einsatz solcher Filter können benannt werden. Die Filter sind eine kostengünstige Variante, um das Lichtspektrum der Natriumdampflampen zu verändern und damit wird generell der Lichteinfluss auf die Umwelt verringert. Nach der Brutzeit der Schildkröten können die Filter leicht und ebenfalls kostengünstig wieder entfernt werden. Durch das Anbringen der Filter an die Laternen stellt sich die Frage, ob die Lichtemission die Schildkröten gar nicht mehr beeinflusst oder der Einfluss sich im Gegensatz zu unbefilterten Lampen nur verringert.

Entlang des Highway A1A – einer Küstenstraße im Palm Beach County, Florida – wurden über einen gesamten Sommer Versuche zu Straßenlaternen mit Filtern gemacht [15]. Drei Teilabschnitte mit je einer Länge von 440 m wurden untersucht. Ein nördlicher und ein südlicher Teilabschnitt wurden als Kontrolle definiert, in dem die Laternen ausgeschaltet wurden. Die drei befilterten Straßenlaternen im mittleren experimentellen Abschnitt wurden im wöchentlichen Wechsel ein- und ausgeschaltet. Es konnte jedoch bei keinem der Einflüsse eine Präferenz der Weibchen für einen bestimmten Teilabschnitt des Strandes festgestellt werden.

Um das Verhalten der Jungtiere besser einschätzen zu lernen, wurden sie in eine Versuchsarena gesetzt [16]. Die Arena wies einen seewärts gerichteten Horizont auf, der keinerlei Hindernisse besaß und somit das Meer darstellt. Ein bebauter Landhorizont wurde ebenfalls dargestellt. An diesem wurden zwei Leselampen montiert, die die Straßenlaternen und das davon ausgehende Licht simulieren. Die eingesetzten Glühbirnen wiesen ein breiteres Lichtspektrum auf als die typischen Natriumdampflampen der Straßenbeleuchtung. Durch das Anbringen von Filtern (Filter 2422 oder NWL-Filter) wurde das Lichtspektrum reduziert. Unter verschiedenen Bedingungen wurde die Bewegungsrichtung der Jungtiere aufgezeichnet. Ohne eine Silhouette am Landhorizont krochen alle Schildkröten auf die Lichtquelle zu. War eine Silhouette vorhanden, krochen einige Schildkröten weg vom Licht oder direkt „seewärts“. Die Reaktion der Schildkröten auf die verschiedenen Filter beim Experiment „mit Schatten“ unterschied sich von Art zu Art. Unechte Karettschildkröten entfernten sich von der Beleuchtung, wenn diese mit dem Filter 2422 bestückt war (also Licht ausgefiltert wurde, das eine Wellenlänge kürzer als 530 nm hatte). Suppenschildkröten hingegen entfernten sich von Lampen mit NWL-Filtern.

Diese Ergebnisse belegen, dass gefiltertes Licht nicht allgemein als „schildkrötenfreundlich“ zu bezeichnen ist, da die Schildkröten je nach Art doch mehr oder minder angezogen wurden. Schatten wirkten sich eher positiv auf das Verhalten der Schildkröten aus, da sie die Lichtquelle ganz ausblendeten. Auch wenn das Licht abgeschirmt wurde, haben sich kleine Unterschiede im noch sichtbaren Licht unterschiedlich auf die Arten ausgewirkt. Da beide

Arten – Unechte Karettschildkröten und Suppenschildkröten – oft an den selben Stränden nisten, kann es beim Einsatz der Filter dazu kommen, dass eine Art nicht mehr in der Orientierung zum Wasser gestört wird, bei der anderen Art die Des- oder Fehlorientierung jedoch weiterhin eintritt.

Da gefiltertes Licht also immer noch eine Auswirkung auf die Orientierung hat, diese jedoch geringer ist als bei ungefiltertem Licht [17], sollte man Filtereinrichtungen im Zusammenspiel mit abgeschirmten Leuchten bei zugleich niedrigerer Wattzahl einsetzen, um den Einfluss störenden Lichts zu vermindern (Abb. 5.10a–c).

Durch eine Studie, die mit Hilfe des *Florida Department of Transportation* durchgeführt wurde [18], konnte belegt werden, dass in den Boden eingebettete Dioden-Beleuchtung einen weitaus geringeren Einfluss auf die Schildkröten hat als gefiltertes Licht. Auf einem 1 km langen Abschnitt des A1A-Highways wurden Leuchtdioden in den Boden eingelassen. Die bereits mit Filtern ausgestatteten Straßenlaternen wurden nicht entfernt. Drei Bedingungen wurden an diesem Strandabschnitt untersucht: (i) nur die mit Filtern ausgestatteten Laternen waren eingeschaltet, (ii) nur die in den Boden eingelassenen Dioden waren eingeschaltet, oder (iii) beide Beleuchtungen waren ausgeschaltet. In den letzten beiden Fällen – also immer dann, wenn die konventionelle Straßenbeleuchtung abgeschaltet war – bewegten sich die Tiere eindeutig nur Richtung Meer und wurden nicht fehlgeleitet. Während der Studie befragte Fußgänger, Auto- und Radfahrer äußerten sich positiv zu der eingelassenen Beleuchtung.

5.6 Zwei Fallbeispiele

Gegenwärtig sind in den USA Bemühungen im Gange, Beleuchtungseinrichtungen so zu modifizieren, dass die Überlebenschancen von Schildkrötenjungtieren wenn möglich erhöht werden. Zwei Beispiele dafür sollen hier abschließend vorgestellt werden (nach [13]).

Jährlich werden etwa 1.800 Nester von Unechten Karettschildkröten an einem 7 km langen Strandabschnitt vor der *Patrick Air Force Base* (PAFB) gebaut. An einem 23 km langen Strandabschnitt vor der *Cape Canaveral Air Force Station* (CCAFS) baut dieselbe Art jährlich etwa 3.500 Nester. Seit 1988 kam es zu Gesprächen zwischen dem *U.S. Fish and Wildlife Service* und der *U.S. Air Force*, um die Fehlorientierung bei Schildkröten an den beiden Standorten zu beheben. Beleuchtungspläne wurden 1988 (für die CCAFS) und 1995 (für die PAFB) aufgestellt. Dies war ein schwieriges Unterfangen, da ausreichende Beleuchtung in beiden Stationen ein wichtiger Bestandteil der Arbeitssicherheit und auch der nationalen Sicherheit der USA ist. Trotzdem ist es gelungen, beide Standorte durch Umgestaltung von etwa 1.000

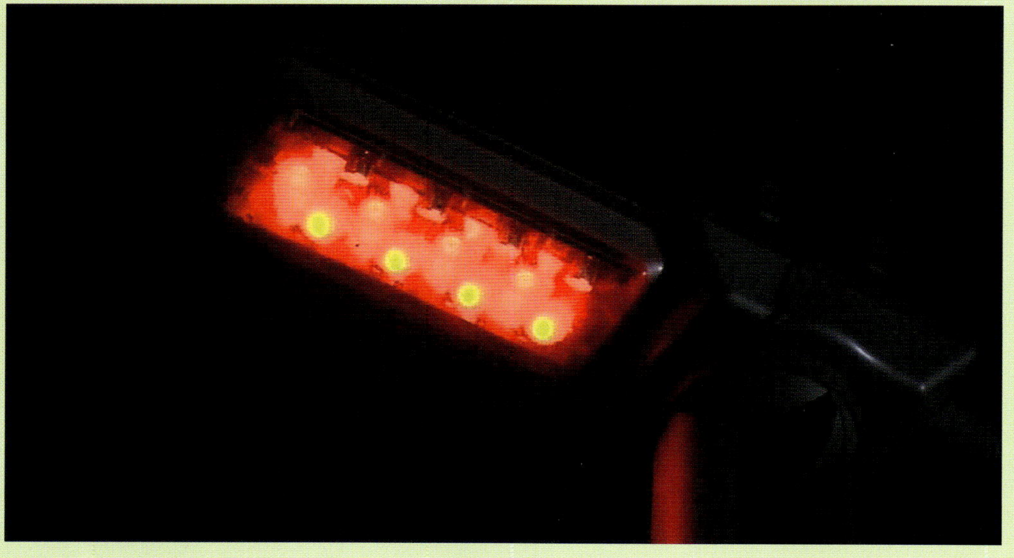

ABBILDUNG 5.10

Oben: Die Beleuchtung einer abgeschirmten Straßenlaterne ist nach unten gerichtet, um Lichtverschmutzung zu vermeiden.
Mitte: Im Gegensatz dazu ist bei vielen Straßenlaternen *keine* Abschirmung vorhanden – das Licht ist vom Strand aus zu sehen und irritiert junge wie auch erwachsene Meeresschildkröten.
Unten: Ein relativ ungewöhnlicher Typ von Straßenbeleuchtung, der durch geringe Lichtintensität und Verwendung rötlicher LEDs zum Schutz der Meeresschildkröten beiträgt.

Lampen heute extrem dunkel erscheinen zu lassen. Die Umgestaltung umfasste den Austausch von Natriumdampf-Hochdrucklampen gegen Natriumdampf-Niederdrucklampen sowie das Abschirmen oder Entfernen von Lampen. Bewegungsmelder wurden angebracht, so dass Abschnitte nur beleuchtet werden, wenn es notwendig ist. Es wurden alle Lampen berücksichtigt, die etwas mit den Stationen zu tun haben, Parkplätze am Strand, ebenso wie Zufahrtsstraßen und Straßen zwischen den einzelnen Gebäuden, Wohnhäusern, Hangars, Sportplätzen etc. Selbst die Abschaltung von Beleuchtung während der Nist- und Schlüpfzeiten der Schildkröten wurde eingeführt, um die Irritation der Tiere durch das künstliche Licht möglichst gering zu halten oder ganz zu vermeiden.

Die *Air Force* erklärte sich außerdem dazu bereit, jährlich Aufzeichnungen zu den Bruterfolgen und dem Verhalten der Jungtiere zu machen. Neben den Umgestaltungen der Beleuchtung der Stationen wurden weitere Naturschutzvorhaben realisiert. So wurden zum Beispiel Dünen mit heimischen Pflanzen aufgewertet, um die Desorientierung der Jungtiere durch die zusätzlichen Lichtbarrieren zu verringern. Ziel ist es, den Verlust der Jungtiere auf ihrem gefährlichen Weg ins Wasser auf 2 % herabzusetzen. Dieses Beispiel zeigt eine gute Zusammenarbeit zwischen der Air Force und dem Fish and Wildlife Service zum Schutz von Arten, ohne einen Verlust der Alarmbereitschaft der Air Force.

5.7 Ausblick

Durch unbedacht freigesetztes künstliches Licht sterben jedes Jahr Tausende frisch geschlüpfter Meeresschildkröten. Die Innen- und Außenbeleuchtungen von Hotels, Wohnanlagen sowie Straßenlaternen sind die Hauptursache dafür, dass so viele der Meeresschildkröten in die Irre geleitet werden. Lösungsansätze für eine effiziente und zugleich arterhaltende Beleuchtung schreiten jedoch nur punktuell voran. Obwohl es Fortschritte bei der Umsetzung einer effizienten und umweltfreundlichen Außenbeleuchtung gibt, bedarf es bei der umsichtigen Verwendung von Innenbeleuchtung noch einiger Aufklärung. Viele Menschen müssen noch darauf aufmerksam gemacht werden, dass bereits das Zuziehen der Vorhänge am Abend und während der Nacht die unkontrollierte Abstrahlung von Licht in den Bereich der Strände deutlich reduziert.

Danksagung

Die Autoren danken Prof. Michael Salmon (Florida Atlantic University) und Isolde Müller (Universität Wien) für die Unterstützung bei der Erarbeitung dieses Manuskripts.

Zitierte Literatur:

[1] Meylan, A., Schroeder B., und Mosier A., 1995, Sea turtle nesting activity in the state of Florida 1979–1992. Florida Marine Research Publications 52, S. 1–51.

[2] Salmon, M., 2003, Artificial night lighting und sea turtles. Biologist 50, S. 163–168.

[3] Lohmann, K. J., Cain, S. D., Dodge, S. A. und Lohmann, C. M. F., 2001, Regional magnetic fields as navigational markers for sea turtles. Science 294, S. 364–366.

[4] Avens, L., und Lohmann, K. J., 2003, Use of multiple orientation cues by juvenile loggerhead sea turtles (*Caretta caretta*). Journal of Experimental Biology 206, S. 4317–4325.

[5] Avens, L., und Lohmann, K. J., 2004, Navigation and seasonal migratory orientation in juvenile sea turtles. Journal of Experimental Biology 207, S. 1771–1778.

[6] Verheijen, F. J., 1985, Photopollution: artificial light optic spatial control systems fail to cope with incidents. Causations, remedies. Experimental Biology 44, S. 1–18.

[7] Witherington, B. E., 1992, Behavioral responses of nesting sea turtles to artificial lighting. Herpetologica 48, S. 31–39.

[8] Salmon, M., Reiners, R., Lavin, C., und Wyneken, J., 1995, Behavior of loggerhead sea turtles on an urban beach. I. Correlates of nest placement. Journal of Herpetology 29, S. 560–567.

[9] Salmon, M., Witherington, B. E., und Elvidge, C. D., 2000, Artificial lighting and the recovery of sea turtles. Pages 25–34 in N. Pilcher und G. Ismail (Hg.) Sea Turtles of the Indo-Pacific: research, management and conservation. Asean Academic Press, London.

[10] Gyris, E., 1994, The rate of predation by fishes on hatchling of the green turtle (*Chelonia mydas*). Coral Reefs. 13, S. 137–144.

[11] Witherington, B. E. und Martin, R. E., 1996, Understanding, assessing and resolving light-pollution problems on sea turtle nesting beaches. Florida Marine Research Institute Technical Report TR-2, S. 1–73.

[12] Witherington, B. E., 1997, The problem of photopollution for sea turtles and other nocturnal animals. Pages 303–328 in: J. R. Clemmons und R. Buchholz (Hg.), Behavioral Approaches to Conservation in the Wild. Cambridge University Press, Cambridge.

[13] Salmon, M., 2006, Protecting sea turtles from artificial night lighting at Florida's oceanic beaches. In: C. Rich und T. Longcore (Hg.), Ecological consequences of artificial night lighting, Island Press, Washington DC, S. 141–168.

[14] Lohmann, K. J., Witherington, B. E., Lohmann, C. M. F., und Salmon, M., 1997, Orientation, navigation and natal beach homing in sea turtles, in: P. L. Lutz und J. A. Musick (Hg.), The Biology of Sea Turtles. Bd. I. CRC Press Boca Raton, Florida, S. 107–135.

[15] Pennell, J. P., 2000, The effect of filtered roadway lighting on nesting by loggerhead sea turtles (Caretta caretta L.). M.S. thesis, Florida Atlantic University, Boca Raton.

[16] Tuxbury, S. M., 2001, Seafinding orientation of hatchlings exposed to filtered lighting: effects of varying beach conditions. M.S. thesis, Florida Atlantic University, Boca Raton.

[17] Sella Nelson, K., Salmon, M. und Witherington, B. E., 2006, Filtered streetlight attracts hatchling marine turtles. Chelonian Conservation and Biology 5(2), S. 255–261.

[18] Bertolotti, L., Salmon, M., 2005, Do embedded roadway lights protect sea turtles? Environmental Management 36, S. 702–710.

ABBILDUNG 6.1:

Das Mittelmeer bei Ischia.

Oben: Blick vom Castellio Aragonese. Die dunklen Flächen unter Wasser repräsentieren Bereiche, an denen Makroalgen wachsen. Dort leben auch Borstenwürmer der Art *Platynereis dumerilii*, die ihre Geschlechtsprodukte mit Hilfe des Mondlichtes synchronisieren.

Unten: Ein Blick zum Castellio Aragonese bei Nacht zeigt das Ausmaß menschlicher Beleuchtung bei Nacht in diesem Gebiet.

„Luna alit ostrea et implet echinos“
Lucilius (ca. 150 v.Chr.)

6 MONDLICHT ALS NATÜRLICHER ZEITGEBER FÜR DIE MEERESFAUNA

von Kristin Tessmar, Tobias Kaiser und Juliane Zantke

6.1 Der Mond und das Meer – eine alte Geschichte

Der Ausspruch des Römers Lucilius – *„Der Mond lässt die Muscheln wachsen und vergrößert die Seeigel“* – zeigt, dass schon in der Antike der Einfluss des Mondes auf die Größe bestimmter mariner Organismen bekannt war. Zoologische Arbeiten des frühen und mittleren 20. Jahrhunderts haben schließlich einen klaren Zusammenhang zwischen der Reifung der Keimdrüsen, also der Eierstöcke und Hoden (Gonadenreifung) verschiedener mariner Organismen, und den Mondphasen hergestellt (für Zusammenfassungen siehe [1], [2]). Die Tatsache, dass bei Seeigeln und Muscheln die Keimdrüsen einen Großteil des Körpergewichtes ausmachen, erklärt auch, warum diese Tiere im Rhythmus des Mondes größer (und auch wieder kleiner) werden.

Warum hängt die Reifung der Keimdrüsen bei vielen Meeresorganismen vom Mond ab? Verschiedene Arten von Korallen, Borstenwürmern, Stachelhäutern, Krebsen, Fischen, aber auch Braunalgen geben ihre Eier und Spermien frei in das offene Wasser ab. Das bedeutet, dass in der großen Wassermenge des Meeres diese Eier und Spermien sehr schnell stark verdünnt werden. Das verringert natürlich die Wahrscheinlichkeit eines Zusammentreffens von Eiern und Spermien sehr. Damit eine erfolgreiche Befruchtung stattfinden kann, müssen Männchen und Weibchen einer Art zur gleichen Zeit reif werden und ihre Eier und Spermien zeitgleich abgeben. Viele Arten benutzen daher zur Synchronisation ihrer Fortpflanzung die regelmäßigen monatlichen Änderungen der nächtlichen Helligkeit durch das Mondlicht.

Neben den Reifungs- und Paarungsrhythmen und den natürlich auch bei marinen Organismen vorhandenen zirkadianen (24-Stunden-) Rhythmen (der zirkadiane Rhythmus wird in den Kapiteln 1 und 7 eingehender besprochen) zeigen Meereslebewesen noch weitere Rhythmen, die für ihr Überleben bedeutsam sind. Dies betrifft speziell jene Organismen, die in der Gezeitenzone leben. Diese Organismen leben meist vergraben und kommen nur zu für sie günstigen Bedingungen hervor. Sie müssen also darauf achten, nicht zum falschen Zeitpunkt an der Oberfläche zu sein. Jene Organismen, die Wasser benötigen, würden bei Niedrigwasser vertrocknen oder ersticken und jene, die Luft benötigen, würden bei Hochwasser ertrinken. Alle Organismen müssen darauf achten, nicht von Ebbe und Flut weggeschwemmt zu werden. Auch um den Wechsel von Ebbe und Flut „vorauszusehen", benutzen Lebewesen endogene Rhythmen. Diese Tiere zeigen dann in ihrem Verhalten einen Gezeitenrhythmus. Die Gezeiten werden durch die Anziehungskraft von Mond und Sonne auf die Wassermassen der Ozeane verursacht, wobei der Mond einen deutlich stärkeren Einfluss hat. Mit dem Umlauf des Mondes um die Erde verschieben sich daher auch die täglichen Hoch- und Niedrigwasserzeiten. Gleichzeitig ändern sich auch die Wasserstände der Hoch- und Niedrigwasser. Denn wenn zu Vollmond und Neumond Sonne, Mond und Erde in einer Linie stehen, addieren sich die Anziehungskräfte von Sonne und Mond – dann läuft das Wasser bei Ebbe besonders weit ab, steigt bei Flut aber auch besonders stark an. Man nennt diese Ereignisse Springtiden. Zur Zeit des Halbmonds dagegen stehen Sonne, Mond und Erde nicht in einer Linie. Die Wirkungen der Anziehungskräfte von Sonne und Mond gehen dann in verschiedene Richtungen und gleichen sich dadurch teilweise aus. Das führt zu den sogenannten Nipptiden, bei denen der Tidenhub viel geringer ist. Der Unterschied im Wasserstand zwischen Spring- und Nipptiden kann für viele Organismen der Gezeitenzone entscheidend sein. Für sie ist es also ebenso wichtig, sich mit den Mondphasen zu synchronisieren.

In diesem Kapitel werden wir beispielhaft anhand von zwei Arten – nämlich anhand des Wurms *Platynereis dumerilii* und anhand der Meeresmücke *Clunio* – die mondabhängige Synchronisation von Fortpflanzungsrhythmen erläutern. Wir wollen dabei auch darauf eingehen, welchen Einfluss Lichtverschmutzung auf diese Rhythmen haben kann. Bisher gibt es dazu so gut wie keine wissenschaftlichen Untersuchungen. Wir werden darauf hinweisen, wo dringend Erkenntnisse benötigt werden, damit wir die marine Umwelt nicht nur effektiv vor chemischer Verschmutzung, sondern auch vor solcher durch falsches Licht zur falschen Zeit am falschen Ort schützen können.

6.2 Mondlichtgesteuerte Gleichzeitigkeit in der Vermehrung

Borstenwürmer, auch Polychaeten genannt (lat. von poly = viel, chaeta = Borste), deren bekanntester Vertreter der Wattwurm ist, leben bis auf wenige Ausnahmen im Meer. Auch der Regenwurm zählt zu ihren Verwandten. Borstenwürmer eignen sich besonders gut für Untersuchungen des Einflusses des Mondes auf die Paarungssynchronisation. So sind etwa die massenhafte Abgabe von Eiern und Spermien beim Feuerwurm im Bereich der Bermudainseln, der bei der Paarung auch noch selbst „Lichtblitze" produziert (Biolumineszenz), oder das massenhafte Schwärmen des südpazifischen Palolowurms (*Palolo viridis*) gut dokumentierte und spektakuläre natürliche „Mond-Phänomene" ([3], [4], [5]). Außerdem gibt es bei ausgewählten Arten von Borstenwürmern schon seit langer Zeit wissenschaftliche Aufzeichnungen über vom Mond gesteuertes gleichzeitiges Auftreten paarungsfähiger Tiere. Zu diesen gehört der marine Wurm *Platynereis dumerilii* (auch Dumerils Wurm oder Lumpenwurm), der ein wenig so aussieht wie ein Regenwurm mit vielen Beinen (Abb. 6.2a–b).

ABBILDUNG 6.2:
(a) Der Borstenwurm *Platynereis dumerilii*,
(b) Geschlechtsreife Form (Männchen und Weibchen) von *P. dumerilii*,
(c) Fangplatz vor der Küste von Ischia (Italien).

6.2.1 Der Wurm stellt klar: Licht genügt!

Mitte der 1950er Jahre zeigte der deutsche Forscher Carl Hauenschild anhand des Lumpenwurms, dass das Mondlicht als alleiniger Faktor für die Synchronisation der Reifung ausreicht ([6], [7]). Hauenschild fischte Tiere aus dem Mittelmeer bei Neapel und bei der benachbarten Insel Ischia (Abb. 6.2c) und dokumentierte, wie diese Tiere sich im Labor entwickelten, wobei die Aquarien entweder am Fenster standen oder das Licht von Glühbirnen stammte (Abb. 6.3a–b). Wenn er den Tieren mit vollständig künstlicher Beleuchtung Sommerzeit vorspiegelte, d.h. 16 Stunden Licht (= Tag) und 8 Stunden Dunkelheit (= Nacht) und zusätzlich (zur Zeit des Vollmonds) für ein paar Nächte Licht über den Kulturen einschaltete, dann verhielten sich diese Tiere wie ihre Artgenossen in Neapel. Sie wurden gleichzeitig geschlechtsreif. War dies nun alleine durch das Licht bedingt, oder gab es noch andere, unbekannte Einflüsse des Mondes auf die Würmer? Um dies zu testen, ließ Hauenschild das nächtliche Licht im Labor zu einem Zeitpunkt auf die Würmer scheinen, zu dem in der Natur Neumond war und gab kein nächtliches Laborlicht, wenn in der Natur Vollmond war. Er drehte also den Phasenzyklus des Mondes im Labor einfach um. Wenn nur das Licht den Reifungszyklus bestimmt, dann sollten die Würmer einen Zyklus zeigen, der dem natürlichen genau entgegengesetzt ist. Wenn andere Faktoren eine Rolle spielen, dann sollten die Würmer keine Reaktion auf den künstlichen Lichtzyklus zeigen und der Reifungszyklus sollte entsprechend der natürlichen Mondphase bleiben. In der Tat zeigte das Experiment, dass man den Reifungszyklus der Würmer alleine durch einen umgekehrten nächtlichen Lichtzyklus umkehren kann ([8] und Abb. 6.3b). Damit war bewiesen, dass das Licht der bestimmende Faktor für den Reifungsrhythmus in *Platynereis dumerilii* ist.

6.2.2 Stört zu viel Licht?

Die kurze Antwort ist: Die genauen Auswirkungen der Lichtverschmutzung auf den Fortpflanzungsrhythmus von *Platynereis dumerilii* sind unbekannt. Aber die potentiellen Folgen für das marine Ökosystem können beträchtlich sein. Warum?

Es gibt zwei wesentliche Punkte zu bedenken:

1.) Bis zu welchem Schwellenwert können Meerestiere Licht wahrnehmen und wie beeinflussbar sind sie infolge dessen durch menschengemachte Lichtveränderungen?

2.) Wie verbreitet ist die lichtabhängige Reifungssynchronisation in marinen Organismen?

Zu letzterem Punkt ist die Datenlage noch unsicher. Wie eingangs erwähnt, ist es klar, dass viele Lebewesen den Mond zur Steuerung ihrer Reifungszeit benutzen. Wie häufig das über das MondLICHT geschieht, ist jedoch noch nicht geklärt.

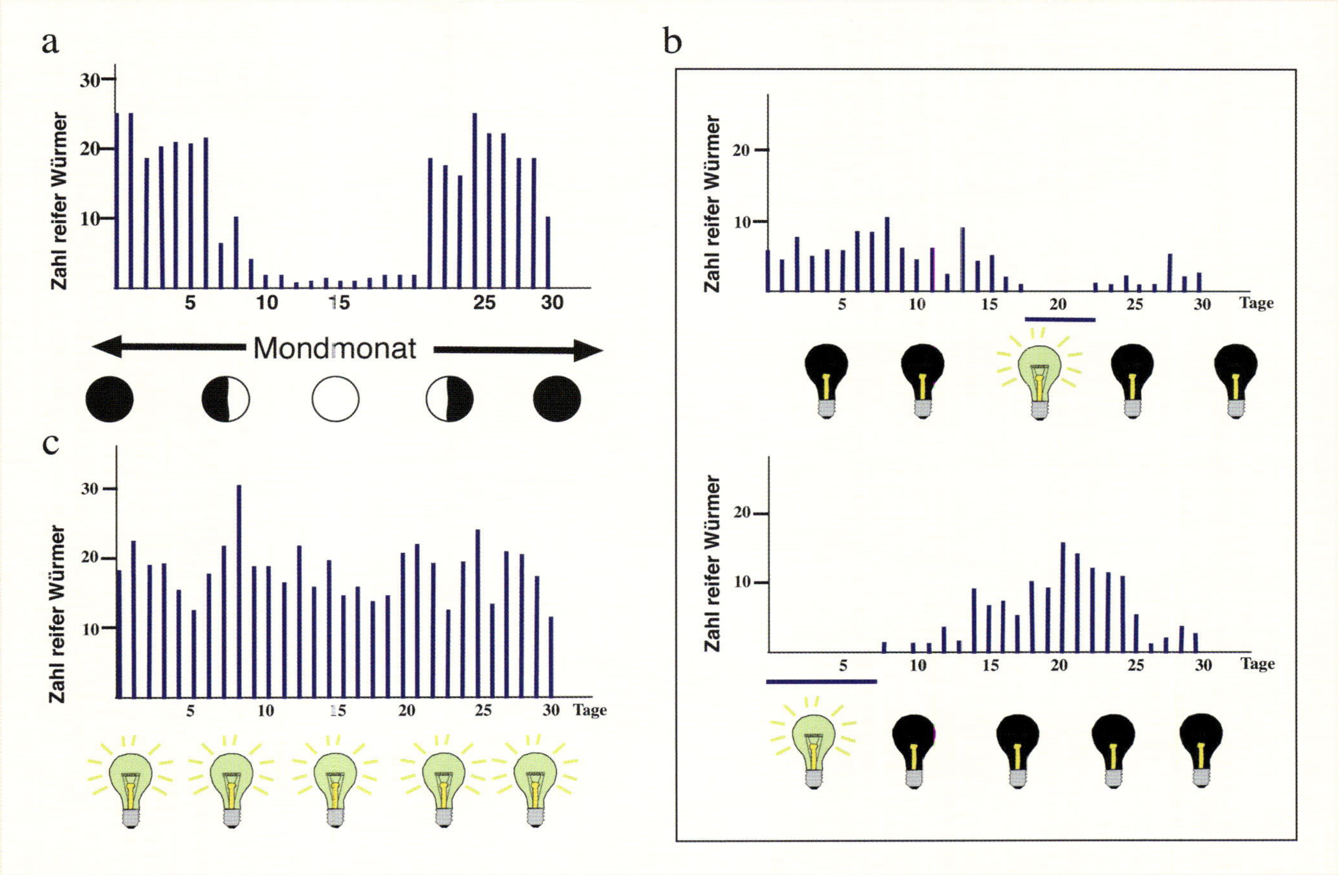

ABBILDUNG 6.3:

Verteilung der geschlechtsreifen Tiere von *P. dumerilii* unter Laborbedingungen (nach C. Hauenschild) (a) Mondlicht (b) natürliche Belichtungsbedingungen (oben), umgekehrter Lichtrhythmus (unten) (c) künstliche Dauerbeleuchtung.

Zum ersten Punkt: Schon Carl Hauenschild bewies experimentell, dass die zeitgleiche Reifung von *Platynereis dumerilii* durch zusätzliches Licht beeinflusst wird. Wenn man die Würmer permanenter Lichtbestrahlung aussetzt, hat das zur Folge, dass die Reifungsrhythmik verloren geht. Die Würmer werden über den ganzen Monat verteilt zu verschiedenen Zeiten reif ([8] und Abb. 6.3c). Ist das problematisch? Ja. Denn wenn die Würmer nicht mehr in großer Anzahl zeitgleich geschlechtsreif werden, dann sinkt die Wahrscheinlichkeit, dass sich Männchen und Weibchen treffen. Wenn die Population an einem Ort sehr groß ist, dann wird es möglicherweise immer noch genug Tiere geben, die zur gleichen Zeit paarungsbereit sind. Je kleiner die lokale Population jedoch ist, umso unwahrscheinlicher wird es, dass es zu einer erfolgreichen Paarung und damit zur Arterhaltung kommt.

Die Empfindlichkeit von *Platynereis* gegenüber Lichtverschmutzung ist vermutlich sehr hoch, wenn man bedenkt, dass die Würmer Licht schon ab einer Intensität von unter 1/10

Lux wahrnehmen können (gemessen an der Wasseroberfläche). Diese Intensität ist geringer als jene des Vollmond-Lichts und wird von vielen künstlichen Lichtquellen weit überschritten (Abb. 1.2).

Zusätzlich ist zu bedenken, dass sich die Paarung von *Platynereis dumerilii* nicht nur auf eine bestimmte Mondphase konzentriert, sondern dass zusätzlich auch noch eine Tag-Nacht-Rhythmik – also die zirkadiane Rhythmik – eine Rolle spielt. Denn in der freien Natur wie auch im Labor paaren sich die Tiere bevorzugt nachts. Wie in Kapitel 7 am Beispiel des Menschen besprochen wird, kann auch die zirkadiane Rhythmik durch zusätzliche Lichtreize aus dem Gleichgewicht gebracht werden. Im Fall von *Platynereis dumerilii* verringert eine Störung der zirkadianen Rhythmik die Chance Paarungspartner zu finden noch weiter. Das Beispiel des marinen Borstenwurms zeigt also, dass künstliche Lichtquellen in Küstenbereichen wesentliche Auswirkungen auf den Vermehrungserfolg einer Spezies haben können.

Die Natur hat noch andere Wege gefunden, um die Fortpflanzung von Lebewesen mit dem Rhythmus des Mondes zu synchronisieren. Doch auch diese könnten anfällig sein für Lichtverschmutzung, wie das folgende Kapitel über die Meeresmücke *Clunio marinus* zeigen wird.

6.2.3 Der Mond, das Meer und die Mücke

Während *Platynereis dumerilii* der erste Organismus war, für den gezeigt wurde, dass Mondlicht den Fortpflanzungsrhythmus synchronisieren kann, ist für die Meeresmücke *Clunio marinus* sehr gut untersucht, auf welche Weise die Tiere den Mond wahrnehmen. *Clunio* ist ein Zweiflügler, eine sogenannte Diptere (von griech. di = zwei und pteron = Flügel), gehört also zu der Familie der Insekten, zu der auch Stechmücken, Stubenfliegen und die Taufliege *Drosophila* gehören. Zweiflügler leben wie Schmetterlinge zuerst als Larve. Die Larve verpuppt sich später, bevor zuletzt aus der Puppe das erwachsene Tier, in diesem Fall die fertige Mücke, schlüpft (Abb. 6.4). Bei *Clunio* lebt die erwachsene Mücke nur wenige Stunden und diese kurze Zeit dient ausschließlich der Fortpflanzung.

Die Meeresmücke *Clunio* findet man in der Gezeitenzone felsiger Küsten (Abb. 6.5). Um in diesem für Insekten ungewöhnlichen Lebensraum überleben zu können, folgt auch bei *Clunio* die Fortpflanzung dem Rhythmus der Mondphasen. Dieser Rhythmus wird indirekt dadurch erzielt, dass die kurzlebigen erwachsenen Tiere nur zu bestimmten Mondphasen aus ihrer Puppe schlüpfen. Der Zweck dieser Synchronisation ist zum einen wie bei *Platynereis dumerilii* eine Ballung der Paarungspartner zum gleichen Zeitpunkt. Für *Clunio* kommt allerdings noch ein weiterer Aspekt hinzu: Die Larven dieser Mücke müssen vom

ABBILDUNG 6.4:
Clunio marinus, (a) Larve, (b) männliches Tier mit Abbildungsmaßstab.

Meerwasser bedeckt sein. Sie leben daher in den unteren Bereichen der Gezeitenzone, in denen das Wasser selten und nur für kurze Zeit abläuft. Die erwachsenen Weibchen sind für die Eiablage jedoch darauf angewiesen, dass die Algen, zwischen denen die Larven leben, trocken liegen. Sie müssen die Eier auf diesen Algen regelrecht festkleben, damit sie bei der nächsten Flut nicht weggespült werden. Fortpflanzung und Eiablage müssen also an den Tagen stattfinden, an denen das Wasser bei Ebbe besonders weit abläuft. Das ist zur Zeit der sogenannten Springtiden der Fall, das heißt kurz nach Vollmond und Neumond. Der Mondrhythmus dient bei *Clunio* also auch dazu, die Fortpflanzung genau zu den geeigneten Zeitpunkten zu ermöglichen.

6.2.4 Die Frage ist nicht nur „Wie hell ist es?" sondern auch „Wann ist es hell?"

Bereits Mitte der 1960er Jahre konnte der deutsche Physiologe und Ökologe Dietrich Neumann zeigen, dass – ganz wie bei *Platynereis dumerilii* – auch bei *Clunio* der Mondrhythmus im Labor durch künstliche nächtliche Beleuchtung ausgelöst und auch verschoben werden kann (Abb. 6.6 sowie [9]). Daraufhin stellte er sich die Frage, wie *Clunio* Vollmond von Halbmond unterscheiden kann. Die Lichtstärke ist dafür kein verlässlicher Anhaltspunkt, da zum Beispiel der Halbmond bei wolkenlosem Himmel deutlich heller ist als ein bedeckter Vollmond. Weitere Experimente deckten eine mögliche Lösung für dieses Problem auf: Es zeigte sich, dass *Clunio* nicht die ganze Nacht über für Mondlicht empfindlich ist, sondern nur für wenige Stunden um Mitternacht (Abb. 6.7) [10]. Wenn

ABBILDUNG 6.5:

Der Lebensraum von *Clunio marinus* (a) Trockengefallene A genpolster bei Niedrigwasser in Concarneau (Normandie, Frankreich). In diesen Polstern leben die Larven und Puppen. Bei Hochwasser sind sie von mehreren Metern Wasser bedeckt. (b) Beim Sammeln von *Clunio* Mücken in Port-en-Bessin (Normandie, Frankreich). Bei Hochwasser reicht das Wasser bis an die dunklen Klippen in der rechten oberen Ecke des Bildes.

Neumann die Mücken einige Tage lang in den Mitternachtsstunden dem künstlichen Mondlicht aussetzte, so verhielten sie sich gemäß dem Mondrhythmus. Schaltete er das Mondlicht jedoch nur zu Anfang oder nur zu Ende der Nacht an, so zeigten die Tiere keinen Mondrhythmus (Abb. 6.7). Wer nun den Mondzyklus einmal in der Natur verfolgt hat, der weiß, dass nur der Vollmond die ganze Nacht über am Himmel steht (Abb. 6.8). Der Halbmond dagegen ist entweder nur in der ersten oder nur in der zweiten Nachthälfte am Himmel zu sehen – je nachdem, ob es sich um den zunehmenden oder den abnehmenden Halbmond handelt. Nur um die Zeit des Vollmonds scheint der Mond in den Stunden um Mitternacht, in denen *Clunio* für Mondlicht empfindlich ist (Abb. 6.8). Für den Mondrhythmus von *Clunio* ist es also nicht entscheidend, wie hell der Mond leuchtet, sondern wann er am Himmel steht.

Da *Clunio* in der Gezeitenzone lebt, hängt die Sichtbarkeit des Mondes um Mitternacht jedoch nicht nur von der Mondphase ab, sondern auch vom Wasserstand [11]. Bei Hochwasser, wenn die Tiere von mehreren Metern oft schäumendem Wasser bedeckt sind, wird sie deutlich weniger Mondlicht erreichen als bei Niedrigwasser. Die Mücken können Mondlicht also dann am besten wahrnehmen, wenn eines der sich täglich verschiebenden Niedrigwasser auf Mitternacht, die mondlichtempfindliche Phase, fällt. In der Natur tritt in

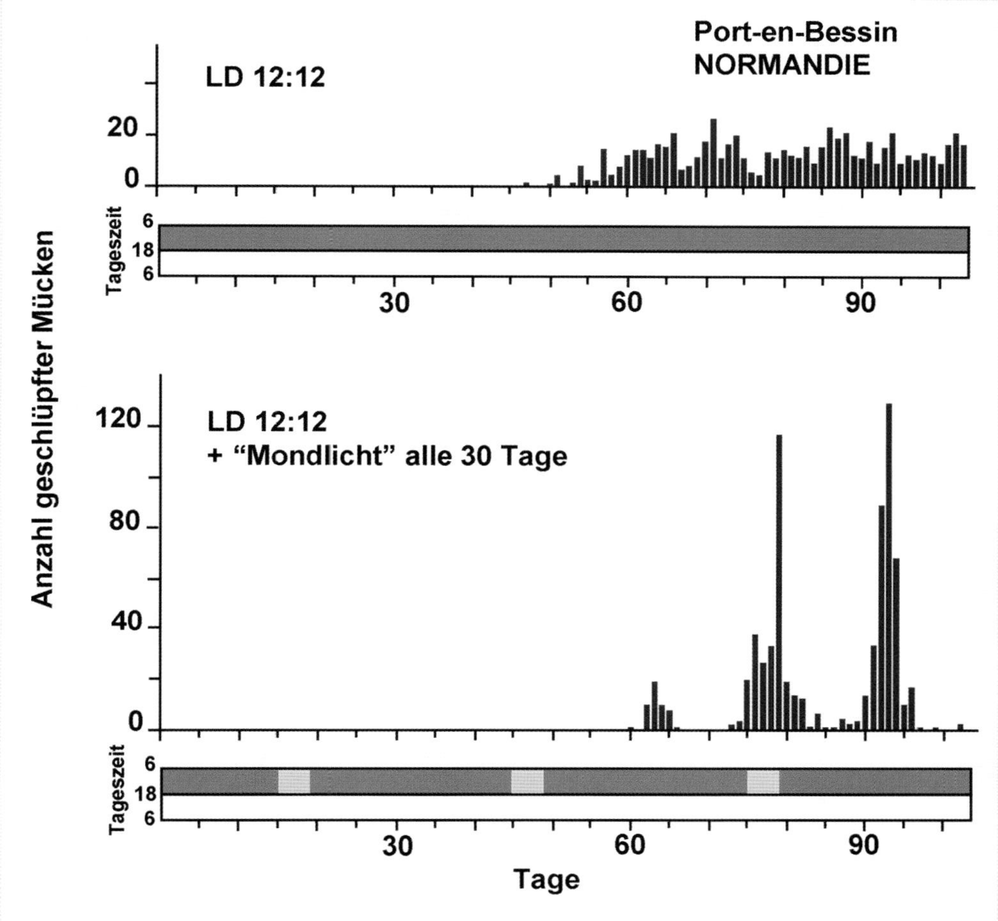

ABBILDUNG 6.6:

Schlüpfzahlen der erwachsenen Mücken von *Clunio marinus* aus Port-en-Bessin (Normandie, Frankreich) unter Laborbedingungen. (a) In einem künstlichen Belichtungszyklus mit 12 Stunden Licht und 12 Stunden Dunkelheit (LD 12 : 12) jeden Tag, aber ohne künstliches Mondlicht. (b) Im selben künstlichen Belichtungszyklus mit zusätzlich künstlichem Mondlicht für vier Nächte alle 30 Tage (nach [15]).

jedem Mondzyklus zwei Mal ein Niedrigwasser um Mitternacht ein (Abb. 6.8). Der Mond ist jedoch nur in einem dieser beiden Fälle auch tatsächlich zu sehen: Während des Mitternachts-Niedrigwassers, das näher zum Vollmond fällt, steht der Mond um Mitternacht am Himmel; während des Mitternachts-Niedrigwassers, das näher zum Neumond fällt, ist er um Mitternacht nicht zu sehen. Es gibt dementsprechend für *Clunio* in jedem Mondzyklus nur eine einzige kurze Phase, in der alle drei Bedingungen für die Wahrnehmung des Mondes erfüllt sind, in der also (i) mondlichtempfindliche Phase der Mücken, (ii) Niedrigwasser und (iii) Sichtbarkeit des Mondes am Nachthimmel zusammenfallen (Abb. 6.8). Dieser Zeitpunkt bestimmt den auf den Mondlichtzyklus und damit auf die Springtiden abgestimmten Fortpflanzungsrhythmus von *Clunio*.

Was passiert nun, wenn menschliche Lichtquellen neben den Mond treten? Dies ist bisher nicht untersucht worden, folgende Überlegungen erscheinen jedoch plausibel: Das künst-

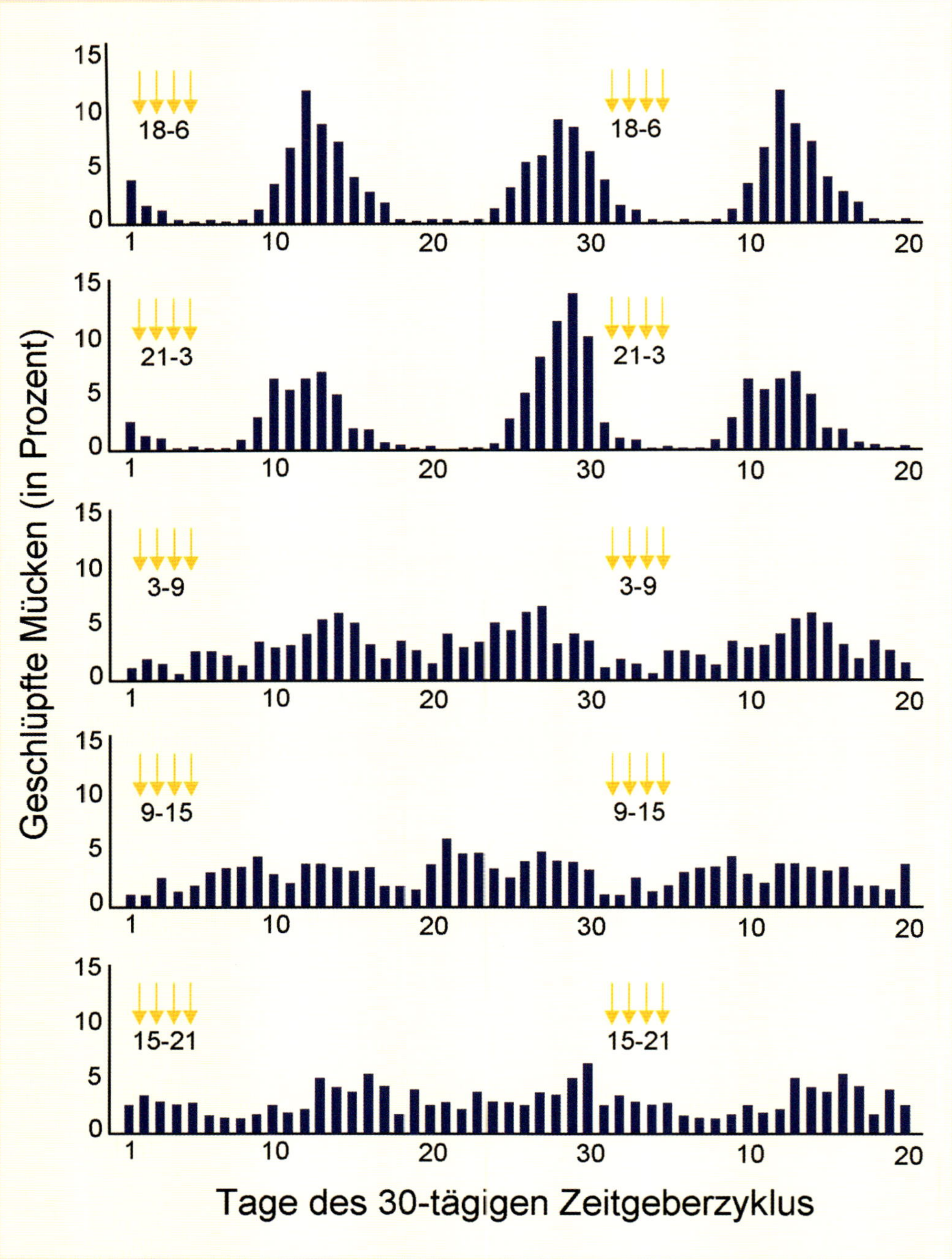

ABBILDUNG 6.7:

Schlüpfzahlen der erwachsenen Mücken von *Clunio tsushimensis* aus Shimoda (Japan) unter Laborbedingungen. Erste Reihe: Bei künstlichem Mondlicht die ganze Nacht (18–6 Uhr, Kontrolle). Zweite Reihe: Bei künstlichem Mondlicht nur von 21–3 Uhr. Dritte Reihe: Bei künstlichem Mondlicht von 3–9 Uhr. Vierte Reihe: Bei künstlichem Mondlicht von 9–15 Uhr. Fünfte Reihe: Bei künstlichem Mondlicht von 15–21 Uhr. Nur wenn Mondlicht von 21–3 Uhr gegeben wird, schlüpfen die Mücken synchronisiert wie in der Kontrolle (nach [10]).

liche Licht ändert zwar nichts daran, dass zwei Mal im Mondzyklus das Niedrigwasser mit der lichtempfindlichen Phase der Mücken zusammentrifft. Anders als unter natürlichen Bedingungen werden die Mücken jedoch nun zu beiden Gelegenheiten das künstliche Licht wahrnehmen. Sie erhalten also nicht mehr einen, sondern zwei Lichtreize pro Mondzyklus. Es ist zu vermuten, dass der Mondrhythmus der Tiere sich dadurch verändert, es ist jedoch nicht vorherzusagen, wie er sich verändert.

Wie für *Platynereis* spielt auch für *Clunio* zusätzlich der Tagesrhythmus eine Rolle. Es ist für die Mücken nicht nur entscheidend, am richtigen Tag im Mondzyklus aus den Puppen zu schlüpfen. Sie müssen an diesem Tag auch zur richtigen Stunde schlüpfen, nämlich zur Zeit des Niedrigwassers. Die Uhrzeit des Niedrigwassers ist entlang der Küste von Ort zu Ort

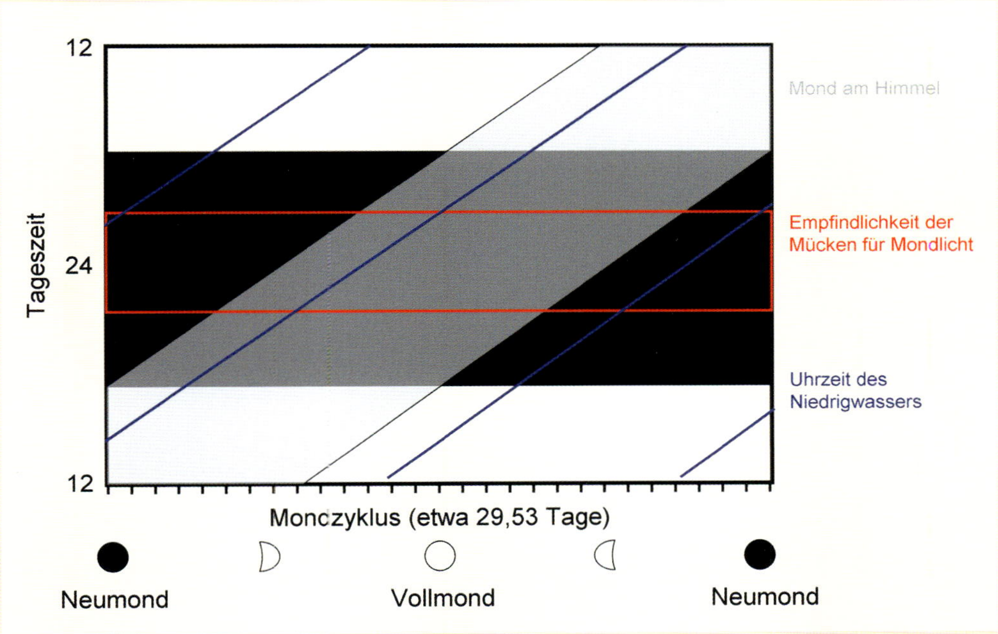

ABBILDUNG 6.8:

Schematische Darstellung der Beziehung von Mondzyklus, Gezeitenzyklus und Tageszyklus sowie der Mondlichtsensitivität der Meeresmücke *Clunio marinus*.

Auf der horizontalen Achse sind die Tage eines Mondzyklus dargestellt, auf der vertikalen Achse die Stunden eines Tages. Die schwarz hinterlegte Fläche markiert die Nacht. Die graue Fläche kennzeichnet die Zeit, in der der Mond sichtbar am Himmel steht. Die Sichtbarkeit des Mondes am Nachthimmel und auch die Gezeiten (Zeit des Niedrigwassers als blaue Linie dargestellt) verschieben sich mit dem Umlauf des Mondes um die Erde. Es gibt jeden Tag zwei Niedrigwasser und damit fällt in jedem Mondzyklus auch zwei Mal Niedrigwasser auf die Zeit um Mitternacht. Die Lage der Niedrigwasser relativ zum Mondzyklus ist für jeden Ort anders (nicht dargestellt; parallele Verschiebung der Linien nach links oder rechts). Für alle Orte gilt jedoch: Zu dem Niedrigwasser, das näher zum Vollmond fällt, steht der Mond auch am Himmel, zum anderen Niedrigwasser steht der Mond nicht am Himmel. Das rote Rechteck markiert das Zeitfenster, in dem *Clunio* empfindlich für Mondlicht ist. Nur wenn alle drei Bedingungen zusammenfallen – also der Mond am Himmel steht (graue Fläche), Niedrigwasser ist (blaue Linie) und *Clunio* lichtempfindlich ist (rotes Fenster) – wird das Mondlicht wahrgenommen. Das ist in diesem Fall etwa drei bis vier Tage vor Vollmond (adaptiert und ergänzt nach [11]).

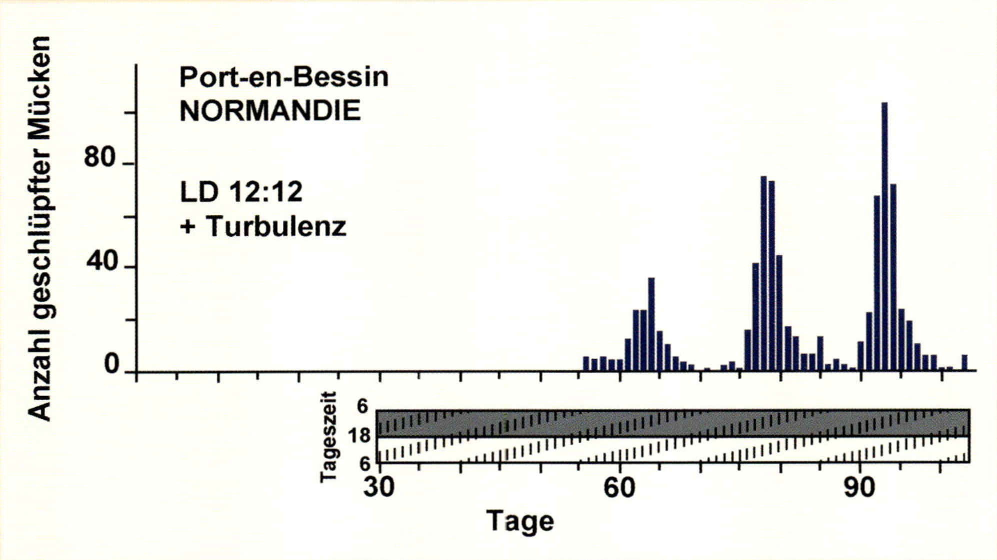

ABBILDUNG 6.9:

Schlüpfzahlen der erwachsenen Mücken von *Clunio marinus* aus Port-en-Bessin (Normandie, Frankreich) unter Laborbedingungen. Statt künstlichem Mondlicht werden die Mücken hier mit Hilfe eines kleinen Motors im Rhythmus der Gezeiten – etwa alle 12,4 Stunden – künstlicher Turbulenz ausgesetzt. Die Zeit mit Turbulenz ist durch senkrechte Balken markiert und verschiebt sich jeden Tag um etwa 50 min. Nach einem künstlichen Mondzyklus von 30 Tagen hat sich die Anfangszeit der Turbulenz genau um 24 Stunden verschoben, fällt also wieder auf dieselbe Tageszeit (nach [15]).

verschieden. An jedem Ort tritt das Niedrigwasser aber zu jedem Springtidentermin etwa um die gleiche Uhrzeit ein. Die Tageszeit des Schlüpfens der *Clunio*-Mücken ist auf die jeweilige örtliche Uhrzeit des Springtiden-Niedrigwassers abgestimmt und diese Abstimmung ist genetisch kontrolliert [12]. Wenn Lichtverschmutzung den Mondrhythmus von *Clunio* also so verändern sollte, dass die Tiere an anderen Tagen des Mondzyklus schlüpfen, so würden sie dennoch zur genetisch festgelegten Tageszeit schlüpfen. Da sich die Zeit des Niedrigwassers über den Mondzyklus jeden Tag um fast eine Stunde verschiebt, wird zu dieser Tageszeit wahrscheinlich kein Niedrigwasser sein. Der Fortpflanzungserfolg der Tiere wäre damit stark beeinträchtigt.

6.2.5 Es kann auch ohne Mondlicht gehen

Bei seinen Experimenten mit *Clunio*-Mücken von verschiedenen europäischen Küsten stellte Neumann überraschenderweise fest, dass die nordeuropäischen Tiere im Labor nicht auf das künstliche Mondlicht reagieren [10]. Obwohl sie in der Natur einen deutlichen Mondrhythmus zeigen, schlüpfen sie im Labor bei künstlichem Mondlicht, anders als ihre südeuropäischen Artgenossen, ohne Rhythmus. Das macht deutlich, dass es in der Natur noch andere Faktoren geben muss, die einen Mondrhythmus hervorrufen können. Der Grund für diese fehlende Mondlichtempfindlichkeit liegt vermutlich darin, dass in nördlichen Breiten der Mond im Sommer nicht besonders hoch über dem Horizont steht und unter Wasser daher schlecht wahrnehmbar ist. Wie kann *Clunio* also die Mondphase bestimmen, ohne den Mond zu „sehen“?

Neumann stellte fest, dass die Tiere den Mondzyklus aus dem Gezeitenmuster „vorhersagen“ können [10]. Da die Gezeiten hauptsächlich durch den Mond verursacht werden, lässt sich umgekehrt die Mondphase aus dem Gezeitenmuster bestimmen. Dabei macht *Clunio* sich zunutze, dass sich der Gezeitenzyklus und der Tag-Nacht-Zyklus jeden Tag gegeneinander verschieben. Da diese Verschiebung aber durch den Umlauf des Mondes um die Erde verursacht wird, stehen der Gezeitenzyklus und der Tag-Nacht-Zyklus genau nach einem Mondzyklus wieder in derselben Beziehung zueinander. Vereinfacht gesagt, ist *Clunio* in der Lage, den Gezeitenzyklus und den Tag-Nacht-Zyklus zu „messen“ und zu „vergleichen“ und daraus die Mondphase zu bestimmen – ganz ohne Mondlicht wahrzunehmen!

Um den Stand der Gezeiten zu bestimmen, nutzt *Clunio* Faktoren wie die Temperatur oder die Turbulenz des Wassers, die sich mit den Gezeiten verändern [13, 14]. In den Bereichen der Gezeitenzone, in denen *Clunio* lebt, ist zum Beispiel bei Niedrigwasser das Wasser meist wärmer und weniger bewegt als bei Hochwasser. Die Veränderung dieser Faktoren über den Gezeitenzyklus vergleicht *Clunio* nun mit dem Tag-Nacht-Zyklus, um herauszufinden, zu welcher Tageszeit ein Niedrigwasser (oder Hochwasser) eintritt. Vorläufige Untersuchungen deuten darauf hin, dass das auch die Mücken können, die im Labor auf Mondlicht reagieren. Die *Clunio*-Mücken benutzen also verschiedene Mechanismen, um ihren Mondrhythmus mit dem Gezeitenzyklus in Einklang zu bringen.

Heißt das, dass *Clunio* von Lichtverschmutzung nicht beeinflusst wird, weil die Mücken den Mond gar nicht unbedingt sehen müssen? Vermutlich leider nicht. Denn alle Wege, den Mondrhythmus zu synchronisieren, hängen davon ab, dass die Tiere den Tag-Nacht-Zyklus verlässlich messen können. Den Tag-Nacht-Zyklus bestimmen sie jedoch über die Helligkeit, was – wie in Kapitel 6 für Menschen dargelegt – durch künstliches Licht empfindlich gestört werden kann. Es ist also nicht ausschlaggebend, welchen Mechanismus *Clunio* zur Synchronisation des Mondrhythmus benutzt – menschliche Lichtquellen können immer ein Störfaktor sein.

6.3 Zusammenfassender Ausblick

Das Licht des Mondes fungiert als ein wesentlicher Zeitgeber für die Rhythmen mariner Organismen. Noch wissen wir wenig darüber, wie dieses Licht wahrgenommen wird, wie es als Zeitgeber fungiert sowie über die zugrunde liegenden molekularen und genetischen Mechanismen. Es ist auch noch nichts darüber bekannt, wie sich zusätzliches Licht menschlichen Ursprungs zu falschen Zeitpunkten auf diese Rhythmen von Meereslebewesen auswirken kann. Die Beispiele in diesem Kapitel zeigen, dass die Natur ganz verschiedene Wege gefunden hat, den Zeitpunkt im Mondzyklus zu bestimmen, dass es jedoch für all diese Mechanismen unablässig ist, die natürlichen Lichtveränderungen im Verlaufe eines Tages oder Mondmonats genau feststellen zu können. Ein Ziel der Forschung in den nächsten Jahren soll es sein, mehr darüber herauszufinden, wie diese Veränderungen „gemessen" werden und wie künstliches Licht diese Messung stört, damit die Menschen in der Zukunft in der Lage sind, küstennahe Ökosysteme besser vor Schaden durch rasant zunehmende künstliche Lichtquellen zu schützen.

Zitierte Literatur:

[1] Fox, H. M., 1924, Lunar periodicity in Reproduction. Proceedings of the Royal Society of London 95, Serie B, S. 532–550.

[2] Korringa, P., 1947, Relations between the moon and periodicity in the breeding of marine animals. Ecological Monographs 17, S. 347–381.

[3] Markert, R. E., Markert, B. J. und Vertrees, N. J., 1961, Lunar periodicity in spawning and luminiscence of *Odontosyllis enopla*. Ecology 42, S. 414.

[4] Hauenschild, C., Fischer, A. und Hofmann, D. K., 1968, Untersuchungen am pazifischen Palolowurm *Eunice viridis* (Polychaeta) in Samoa. Helgoländer wissenschaftliche Meeresuntersuchungen 18, S. 254–295.

[5] Hauenschild C., 1955, Photoperiodizität als Ursache des von der Mondphase abhängigen Metamorphose-Rhythmus bei dem Polychaeten *Platynereis dumerilii*. Zeitschrift für Naturforschung 10b, S. 658–662.

[6] Fischer, A. und Fischer, U., 1995, On the life-style and life-cycle of the luminiscent polychaete Odontosyllis enopla (Annelida, Polychaeta). Invertebrate Biology 114, S. 236–247.

[7] Hauenschild, C., 1956, Neue experimentelle Untersuchungen zum Problem der Lunarperiodizität. Naturwissenschaften 43, S. 361.

[8] Hauenschild, C., 1960, Lunar periodicity. Cold Spring Harbor Symposia on Quantitative Biology 25, S. 491–497.

[9] Neumann, D., 1966, Die lunare und tägliche Schlüpfperiodik der Mücke Clunio – Steuerung und Abstimmung auf die Gezeitenperiodik. Zeitschrift für Vergleichende Physiologie 53, S. 1–61.

[10] Neumann, D., 1995, Physiologische Uhren von Insekten – Zur Ökophysiologie lunarperiodisch kontrollierter Fortpflanzungszeiten. Naturwissenschaften 82, S. 310–320.

[11] Neumann, D., 1985, Photoperiodic Influences of the Moon on Behavioural and Developmental Performances of Organisms. International Journal of Biometeorology 29, S. 165–177.

[12] Neumann, D., 1967, Genetic Adaptation in Emergence Time of Clunio Populations to Different Tidal Conditions. Helgoländer wissenschaftliche Meeresuntersuchungen 15, S. 163–171.

[13] Neumann, D., 1978, Entrainment of a Semilunar Rhythm by Simulated Tidal Cycles of Mechanical Disturbance. Journal of Experimental Marine Biology and Ecology 35, S. 73–85.

[14] Neumann, D. und Heimbach, F., 1984, Time Cues for Semilunar Reproduction Rhythms in European Populations of Clunio Marinus 2. The Influence of Tidal Temperature Cycles. Biological Bulletin 166, S. 509–524.

[15] Neumann, D., 1975, Lunar and Tidal Rhythms in the Development and Reproduction of an Intertidal Organism. In: Vernberg, F. J. (Hg.) Physiological Adaptation to the Environment, S. 451–464.

ABBILDUNG 7.1:

Hell erleuchtete Straße in einer Großstadt aus der Perspektive eines Autofahrers. Die in der rechten Bildhälfte herrschende Lichtintensität entspricht einem visuellen „Tag"-Signal für den Biorhythmus.

„... wie zum Leben alles Organischen nicht nur Licht, sondern auch Dunkel gehört."
(Friedrich Nietzsche)

7 LICHT AUF DIE INNERE UHR

von Christian Cajochen

7.1 Der zirkadiane Rhythmus

Haben Sie sich schon überlegt, warum Sie immer noch vorwiegend nachts schlafen und tagsüber aktiv sind? Klar, man arbeitet oder verbringt die Freizeit lieber, wenn es hell ist, und schläft, wenn es draußen dunkel und ruhiger wird. Trotzdem hätten wir schon seit über 100 Jahren die Möglichkeit, mittels künstlichen Lichts die Nacht zum Tag zu machen und uns auf diese Weise zeitliche „Arbeits- bzw. Ruhezeitnischen" willkürlich zu schaffen. Freiwillig macht dies aber interessanterweise kaum jemand – und wenn, dann nur kurzzeitig, um dringende Arbeit zu erledigen oder Feste zu feiern. Schichtarbeiter, die sich dafür mehr oder weniger freiwillig bereit erklären, werden für dieses Verhalten sogar noch besser entlohnt, was ihre Motivation, während „Unzeiten" zu arbeiten, steigern soll. Trotz der Möglichkeit, durch Kunstlicht die Tag- bzw. Nachtaktivitäten frei zu gestalten, gibt es beim Menschen festgelegte Zeiten und „Unzeiten" für gewisse Verhaltensweisen, wie zum Beispiel Schlafen oder Wachsein. Unser Schlaf-Wach-Verhalten wird nicht einfach durch den (künstlichen) Hell-Dunkel-Wechsel dirigiert oder völlig bewusst von uns gesteuert, sondern unterliegt dem Diktat einer inneren Uhr, die endogen (= von innen kommend) und autonom für die Steuerung der Tagesrhythmik (= Zirkadianrhythmik; von *circa diem*: ungefähr ein Tag) verantwortlich ist.

7.2 Die innere Uhr tickt autonom

Einen schönen Beweis für die autonome Aufrechterhaltung der Schlaf-Wach-Rhythmik lieferte der Höhlenforscher Michel Siffre in den frühen 60er Jahren des 20. Jahrhunderts. Siffre verbrachte mit einer Stirnlampe und dem Nötigsten zum Überleben ausgerüstet über 50 Tage in einer 120 m tiefen Höhle in den französischen Alpen. Obwohl Michel Siffre keine Zeitinformation besaß und der regelmäßige Tageslichtwechsel nicht zu ihm nach unten drang, schlief er zeitlich nicht zufällig, sondern folgte dem zirkadianen Ticken seiner inneren Uhr. Wie in Abbildung 7.2 deutlich zu sehen ist, ging er praktisch jeden Tag etwas später ins Bett und stand auch dementsprechend später auf. Er folgte einem Rhythmus, der länger als 24 Stunden war und in seinem Fall 24,5 Stunden betrug. Sein „Tag" dauerte im Durchschnitt also eine Halbstunde länger als der solare Tag, was für die meisten Menschen typisch ist. Man nimmt an, dass bei etwa 80 % der Menschen die endogene Zirkadianperiodik mehr als 24 Stunden beträgt.

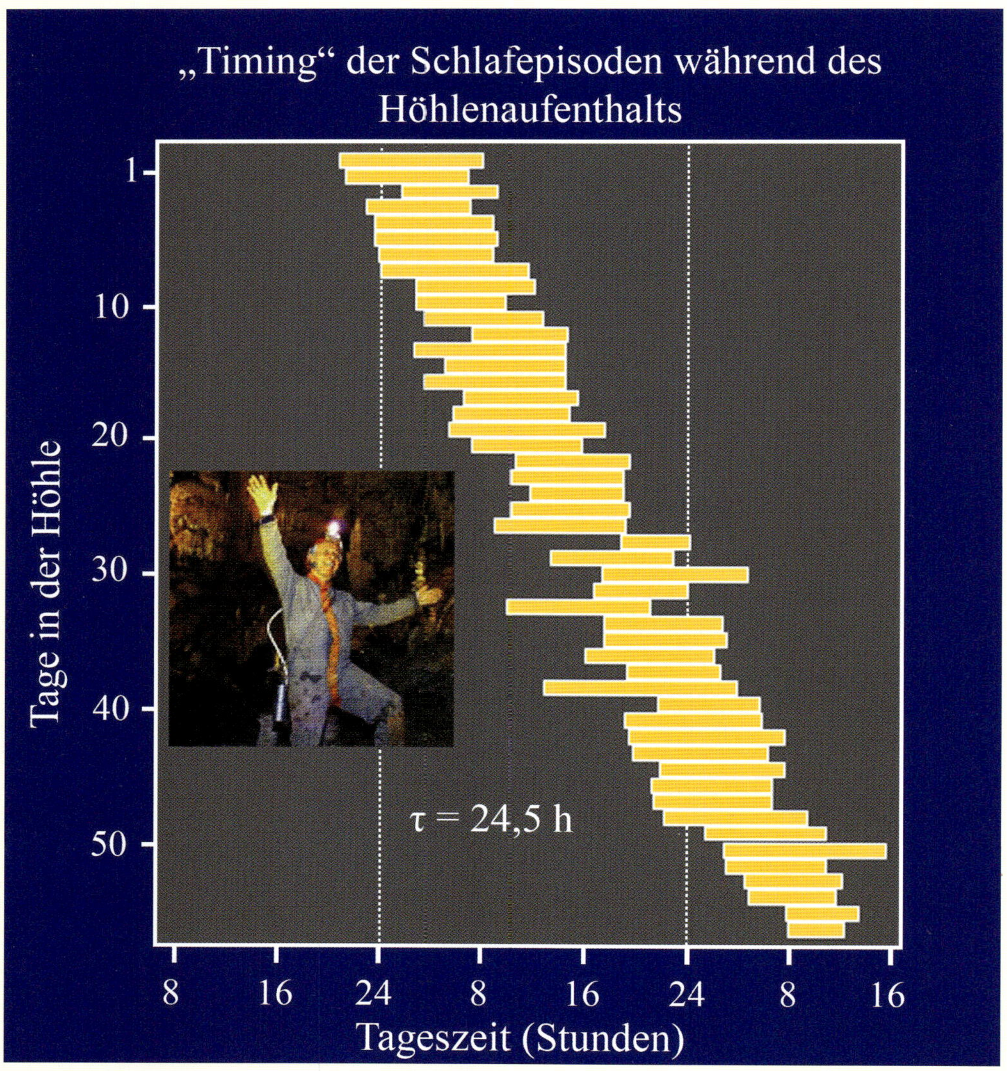

ABBILDUNG 7.2: Das „Timing" der Schlafepisoden während des Höhlenaufenthalts von Michel Siffre. Die gelben Balken markieren die Schlafenszeiten des Höhlenforschers während seines Aufenthaltes in einer 120 m tiefen Höhle in den französischen Alpen. Die zirkadiane Uhr steuerte sein Schlaf-Wach-Verhalten mit einer Periodik von 24,5 Stunden.

Etwa ein Jahrzehnt nach Siffres ersten Höhlenexperimenten entdeckten Forscher aus den USA [1], dass ein bestimmtes Hirngebiet, die so genannten suprachiasmatischen Kerne (SCN), die beim Menschen ca. 2–3 cm hinter der Nasenwurzel liegen, die Quelle der Zirkadianrhythmik sind. Diese etwa reiskorngroße Hirnstruktur liegt über der Kreuzungsstelle der Sehnerven und fungiert als zentrale Schaltstelle für die innere Uhr. Ähnlich dem Schrittmacher im Herzen, der ca. 60–80 Impulse pro Minute abgibt, geben Nervenzellen in den SCN eine Zirkadianrhythmik vor: etwa einen Impuls alle 24 Stunden. Extrahiert man die Nervenzellen und kultiviert diese in einer Nährlösung, kann man die Zirkadianrhythmik der elektrischen Nervenzellaktivität „in vitro" über Jahre „am Leben erhalten". Das beweist die autonome Natur der inneren Uhr auf eindrückliche Weise. Es zeigt auch, dass die innere Uhr „fest verdrahtet" ist und eine wichtige Funktion – die der internen zeitlichen Organisation verschiedener physiologischer und biochemischer Prozesse – erfüllt. Neben den SCN wurden praktisch in jeder Körperzelle Zirkadianrhythmen nachgewiesen. Auch sind die genetischen Bausteine des inneren Uhrwerks entschlüsselt sowie das Zusammenwirken verschiedener „Zahnrädchen" innerhalb der Uhr. Der heutige Konsens unter den Chronobiologen ist, dass die innere Uhr in den suprachiasmatischen Kernen als so genannte „Master-Clock" (Hauptuhr) fungiert, welche die Uhren in der Peripherie, zum Beispiel in der Lunge, im Herz oder in der Leber, synchronisiert, sodass kein „Chronochaos" oder keine interne Desynchronisation im Orchester der Zirkadianrhythmik entsteht. Das Bild des Dirigenten (Hauptuhr), der die einzelnen Spieler (Nebenuhren) zur Synchronizität auffordert, sei hier angebracht.

7.3 Licht eicht die innere Uhr

Die innere Uhr braucht kein Licht. Sie ist, wie oben aufgeführt, autonom und selbsterhaltend. Michel Siffre in der Dunkelheit der Höhle wie auch komplett blinde Menschen, denen die Augen entnommen wurden, haben eine perfekte Zirkadianrhythmik. Um dies nachzuweisen, misst man den Melatoninrhythmus eines Menschen im Blut oder im Speichel. Das Neurohormon Melatonin ist der beste Indikator, oder „hand of the clock", und wird in einer spezifischen Hirnregion, der Pinealis, hergestellt. Die Melatoninausschüttung wird über eine spezielle Nervenzellschaltung durch die SCN kontrolliert und widerspiegelt den Tagesgang der elektrischen SCN-Aktivität (Abb. 7.3). Wird das zirkadiane Melatoninprofil im Dämmerlicht gemessen, stellt man eine tägliche Verschiebung in Abhängigkeit der individuellen Zirkadianperiodik eines Menschen fest. Unter einem regelmäßigen Licht-Dunkel-Wechsel hingegen bleibt das Profil „fix" auf den 24-Stundentag synchronisiert. Licht ist der wichtigste Zeitgeber für die innere Uhr – wie schon im ersten Kapitel dieses Buches dargelegt wurde. Morgens stellt das Tageslicht die innere Uhr auf „wach und aktiv". Die Dunkelheit am Abend signalisiert Nacht. Ohne diesen äußeren

ABBILDUNG 7.3:

Links: Die innere Uhr in den suprachiasmatischen Kernen (SCN) ist über eine komplexe Nervenschaltung via das obere Rückenmark mit der Pinealis verbunden. Die SCN kontrollieren die zirkadiane Sekretion des Neurohormons Melatonin, das in der Pinealis produziert wird. Die Lichtinformation gerät über spezielle Photorezeptoren zu den SCN und „eicht“ die innere Uhr auf den 24-Stundentag. Rechts oben: Beispiel einer Person, deren Melatoninrhythmus im Dämmerlicht „freiläuft“ (d.h. jeden Tag ein bisschen später auftritt). Rechts unten: Beispiel einer Person, deren Melatoninrhythmus durch das Tageslicht auf den 24-Stundentag synchronisiert ist.

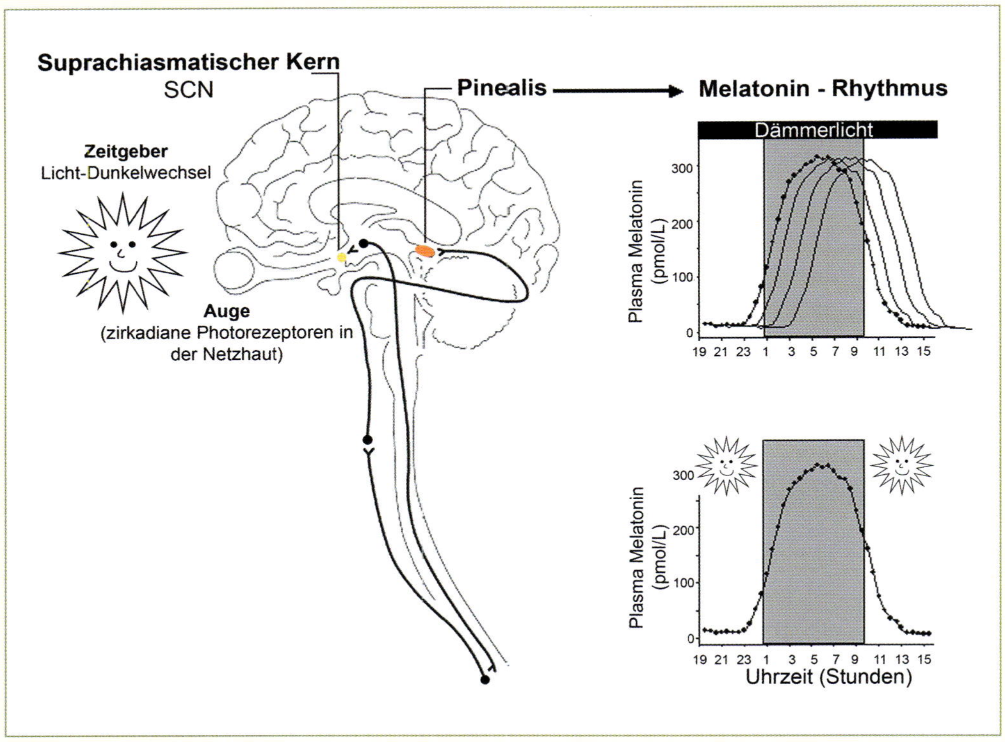

Zeitgeber beginnt die innere Uhr, in ihrem eigenen Takt zu ticken, wie bei Michel Siffre oder bei Blinden. Im Alltag hingegen sind die meisten sehenden Menschen auf einen 24-Stundentakt geeicht (Abb. 7.3). Das Tageslicht hilft, sich an wechselnde Umweltbedingungen anzupassen – also zum Beispiel an die kurzen Tage im Winter und die langen Abende im Sommer. Ob Sonnenlicht oder Nachttischlampe – Licht eicht die innere Uhr selbst dann, wenn wir schlafen und die Augen geschlossen sind. Unter der Netzhaut liegen die spezialisierten Nervenzellen, welche den inneren Rhythmus takten. Sie verfügen über einen bestimmten Sehfarbstoff, Melanopsin genannt [2]. Farben oder Formen kann dieses Molekül nicht differenzieren – es meldet lediglich die Informationen „hell“ oder „dunkel“ an die SCN. Für die Eichung der inneren Uhr ist es sehr wichtig, dass diese Information (hell = Tag, dunkel = Nacht) klar und regelmäßig durchkommt. Für Menschen, die draußen im Tageslicht arbeiten, ist dies normalerweise kein Problem, da der Himmel selbst an einem bewölkten Tag mit einigen Tausend Lux strahlt (Abb. 1.2 und Tabelle 1.1). Ein Innenraum kommt meist nur auf 100 bis 200 Lux und kann daher für Menschen, die im Büro arbeiten, zum Problem werden, denn dies ist zu dunkel für eine effiziente Eichung der inneren Uhr. Die meisten Büroräume brauchen deshalb mehr Tageslicht, und „Büromenschen“ sollten morgens und abends Licht tanken, um das versäumte Tageslicht zu kompensieren. Nach der Abenddämmerung ist es aber genau so wichtig, dass die Lichtintensität des Kunstlichts nicht allzu hoch ist und stetig abnimmt, bis zur völligen Dunkelheit im Schlafzimmer. Denn Licht während der biologischen Nacht, in der Zeitspanne der Melatoninausschüttung, wirkt am stärksten auf die menschliche Zirkadianrhythmik. Helles Licht für etwa eine Stunde kann die Rhythmik bis zu zwei Stunden umstellen, die Wachheit und das Stresshormon Kortisol

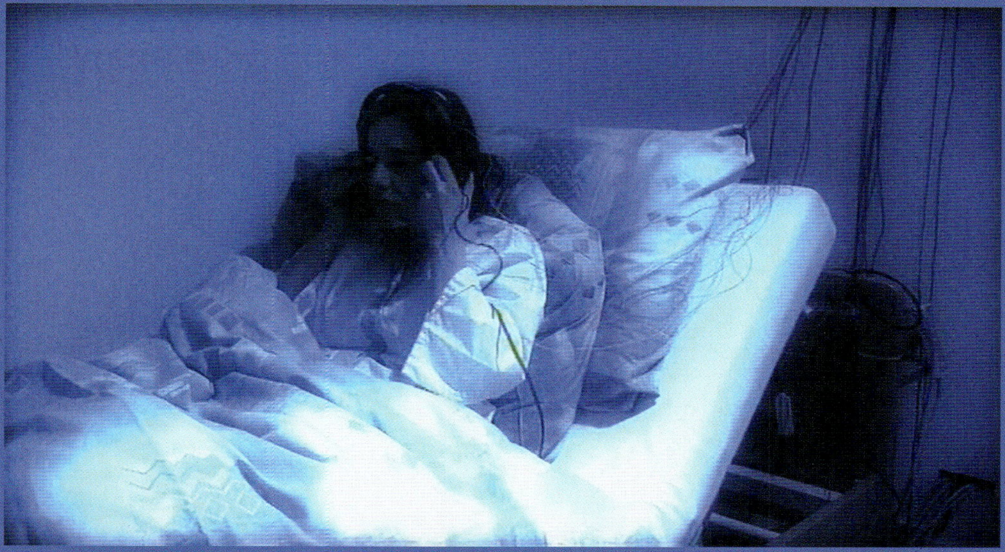

ABBILDUNG 7.4: Freiwillige Versuchsperson in einer Lichtstudie des Verfassers.

erhöhen und so zu Schlafstörungen führen. Mit diesem Problem wird der Nachtschichtarbeiter täglich bzw. „nächtlich" konfrontiert. Interessanterweise sind es die Blauanteile des Lichts, die am stärksten auf die Zirkadianrhythmik [3], den Wachheitsgrad [4] und den Schlaf wirken [5].

Den Grund dafür kennt man seit dem Jahre 2002 genauer. In diesem Jahr entdeckte nämlich David Berson von der Brown University in Providence eine bisher unbekannte Art photosensitiver Ganglienzellen in der Netzhaut von Säugetieren. Die Ganglienzellen verfügen über ein eigenes Photopigment (wie oben erwähnt das so genannte Melanopsin) und haben so eine von den übrigen Photorezeptoren im Auge unabhängige Lichtempfindlichkeit [2]. Daher werden sie *intrinsisch photosensitive retinale Ganglienzellen* (ipRGCs) genannt. Das Maximum der spektralen Empfindlichkeit der Zellen liegt zwischen 460 bis 480 nm – also im blauen Bereich. Diese Erkenntnis ist übrigens entscheidend für die richtige Wahl künstlicher Lichtquellen, sowohl bei der Innenraum- als auch bei der Außenbeleuchtung. Denn ein wesentlicher Gesichtspunkt dabei muss – insbesondere bei Lampen, die die ganze Nacht eingeschaltet bleiben – die Frage sein, welche Arten von Leuchten den Tag-Nacht-Rhythmus von Mensch und Tier am wenigsten stören. Die oben genannten Erkenntnisse legen nahe, Kunstlicht mit starken Blauanteilen während der Nachtschicht besonders vorsichtig einzusetzen, da dieses die Zirkadianrhythmik am leichtesten beeinflussen kann.

7.4 Künstliches Licht zu „Unzeiten" bringt die innere Uhr aus dem Takt

Jeder fünfte Arbeitnehmer in Europa ist im Schichtdienst beschäftigt und es werden immer mehr. Unsere Welt ist rund um die Uhr voller Betriebsamkeit. Mit Kunstlicht versuchen wir, die Natur zu überlisten, und vergessen, dass wir als Teil von ihr den biologischen Taktgeber nicht einfach überspielen können. Durch Nacht- und Wechselschichten werden Schichtarbeitern ungewöhnliche und unregelmäßige Arbeitszeiten auferlegt. Dadurch entstehen gesundheitliche Probleme. Nachtschichtarbeiter müssen sich nicht nur einem unnatürlichen Rhythmus anpassen, wenn die normalen Arbeits- und Schlafzeiten vertauscht bzw. verschoben werden, sie schlafen zudem auch weniger, weil Lärm, Tageslicht und höhere Raumtemperaturen häufige Störfaktoren für den Schlaf am Tage darstellen. Im Vergleich zur durchschnittlichen Schlafdauer von Menschen, die tagsüber arbeiten, ist die Schlafdauer bei Schichtarbeitern um zwei bis vier Stunden verkürzt. Auch bei Wechselschicht finden die Betroffenen aufgrund häufig wechselnder Arbeitszeiten gewöhnlich keinen ausreichenden Schlaf. Da zwischen 2 und 5 Uhr morgens die größte Müdigkeit eintritt, wird die Leistungsfähigkeit von Schichtarbeitern selbst nach jahrelanger Nachtarbeit erheblich beeinträchtigt. Zahlreiche Studien belegen, dass sich Müdigkeit negativ auf die körperliche und geistige Leistungsfähigkeit, Motorik und Stimmung auswirkt. Müdigkeit und unzureichender Schlaf von Nachtarbeitern stellen sich immer wieder als mit verursachende Faktoren bei Unfällen heraus. Auch bei dem Reaktorunfall des Atomkraftwerkes *Three Mile Island* in Harrisburg, USA, und der Schiffshavarie der *Exxon Valdez* vor der Küste Alaskas haben diese Faktoren eine Rolle gespielt. Die Kosten, die der Gesellschaft durch schlafbezogene Unfälle entstehen, sind enorm. Schichtarbeiter werden zudem mit erheblichen sozialen Problemen konfrontiert, da sie zu Zeiten arbeiten, wenn andere schlafen, und umgekehrt zu Zeiten schlafen, wenn andere arbeiten oder Freizeit

ABBILDUNG 7.5:
Synchronisierung mit (inneren und äußeren) Zeitgebern spielt eine große Rolle für den Menschen.

ABBILDUNG 7.6:
Nachts erleuchteter Büroraum. Durch Kunstlicht ist Arbeit rund um die Uhr zu etwas Allgegenwärtigem geworden.

haben. Viele Nachtarbeiter klagen, dass ihnen die Zeit für Familie und Freunde, Verabredungen und alltägliche Besorgungen fehlt. Da sich das öffentliche und gesellschaftliche Leben am Rhythmus der Tagesarbeit orientiert, fühlen sie sich oft ausgeschlossen und frustriert. So gerät der Schichtarbeiter in ein zeitliches „Ghetto", in welchem er von seiner Umwelt isoliert lebt.

7.5 Licht als „Chronopharmakon"

Forscher aus den USA [6] und aus Israel [7, 8] haben festgestellt, dass ein Leben gegen die innere Uhr das Krebsrisiko erhöhen kann. Diese Untersuchungen hat die Weltgesundheitsorganisation WHO bestätigt. Neue Befunde zeigen, dass zum Beispiel ehemalige Nachtarbeiterinnen ein erhöhtes Brustkrebsrisiko haben. Zwei Gründe scheinen dafür verantwortlich zu sein. Zum einen unterdrückt Licht den Melatoninspiegel während der Nacht, zum anderen ist Melatonin ein körpereigenes Antioxidans, das dementsprechend erheblich reduziert ist bei der Nachtschichtarbeiterin, die an einem hell erleuchteten Arbeitsplatz arbeitet. Die Folge könnte ein erhöhtes Brustkrebsrisiko sein. Interessanterweise haben blinde Frauen ein niedrigeres Brustkrebsrisiko als sehende.

Obwohl diese Wirkungskette nicht bewiesen ist, kann Kunstlicht negative Auswirkungen auf die Gesundheit haben, die sich vor allem in Schlafstörungen äußern. Das Licht muss wie ein Medikament betrachtet werden, bei dem sowohl die Dosierung als auch die Spektralzusammensetzung optimal eingestellt werden müssen. Und was vor allen Dingen sehr wichtig ist: das Timing. Wenn man dem Licht zur falschen Zeit ausgesetzt ist, kann es unangenehme Nebenwirkungen auslösen, die auf lange Zeit gesundheitsschädigend sind

(Abb. 7.6). Wie schon Paracelsus wusste: *Auf die Dosis kommt es an, damit ein Gift nicht giftig ist*, dies gilt auch für den Einsatz von Licht als Pharmakon. Neben der Dosis spielen die Dauer, die Art des Lichts (spektrale Zusammensetzung) und das Timing der Lichttherapie eine zentrale Rolle. Werden diese Faktoren genau berücksichtig, kann Licht die affektiven und physischen Symptome depressiver Erkrankungen positiv beeinflussen. So hat beispielsweise bei depressiven Patienten die Lichtintensität in Patientenzimmern einen Einfluss auf die Dauer der Hospitalisation (Abb. 7.7). Depressive Patienten auf der „Sonnenseite" der jeweiligen Psychiatrieklinik wurden im Schnitt 3,5 Tage eher entlassen als Patienten, deren Zimmer gegen Norden ausgerichtet war [9]. Klinisch wird die Lichtwirkung vor allem bei der Winterdepression (saisonal bedingte Depression) wissenschaftlich untersucht. Für saisonal depressive Patienten ist die Lichttherapie die Behandlung erster Wahl. In der Schweiz werden deren Kosten von den Krankenkassen übernommen. Die Symptome einer saisonalen Depression treten typischerweise jedes Jahr während der kürzeren Tage des Herbstes und Winters auf und lassen während der längeren Tage des Frühlings und Sommers nach. Die Symptome umfassen gedrückte Stimmung, Interesselosigkeit, verminderte Konzentration, Energielosigkeit und Erschöpfung. Zudem vergrößert sich häufig das Ess- und Schlafbedürfnis. Es tritt insbesondere ein Heißhunger auf kohlenhydratreiche Nahrung (z.B. Teigwaren, Schokolade) auf, was in der Folge oft zu einer Gewichtszunahme führt. Eine morgendliche halbstündige Behandlung mit polychromatischem Licht einer Stärke von 10.000 Lux führt bei ca. 60–75 % der saisonal depressiven Patienten zu einer Remission (= temporäres oder dauerhaftes Nachlassen von Krankheitssymptomen). Basierend auf einer umfassenden Metaanalyse von Lichttherapie-studien kam ein Komitee zur Erforschung psychiatrischer Behandlungsmethoden der Amerikanischen Vereinigung für Psychiatrie zum Schluss, dass die Effektivität der

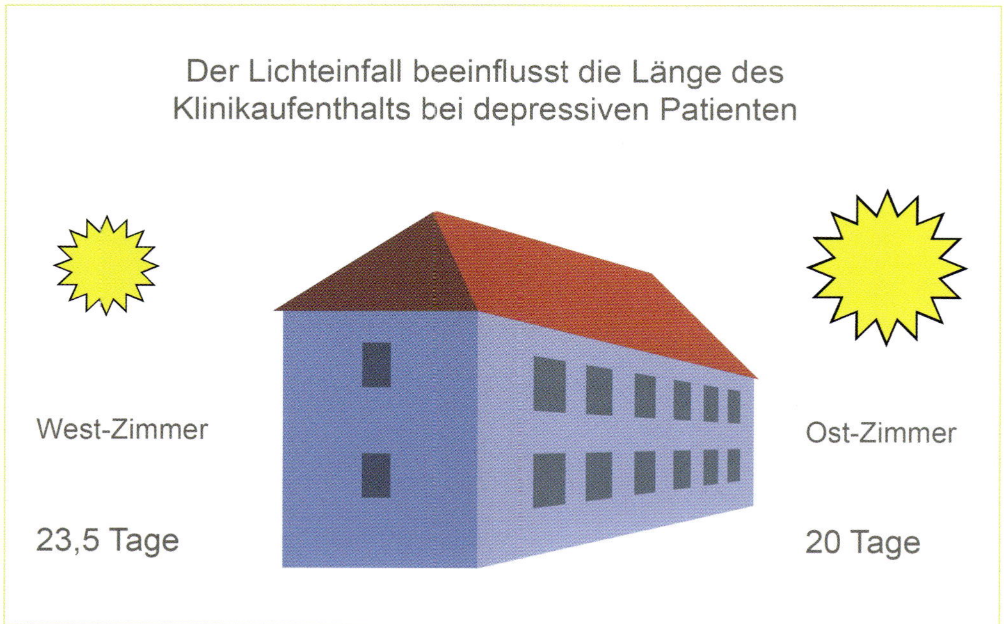

ABBILDUNG 7.7: Zum Zusammenhang zwischen morgendlichem Sonneneinfall und Dauer der Hospitalisation (nach [9]).

Lichtbehandlung für die saisonale, aber auch für die nicht-saisonale Depression sehr ähnlich ist wie jene für die meisten Antidepressiva.

7.6 Wie wirkt Licht antidepressiv?

Wie die antidepressive Wirkung von Licht zu Stande kommt, ist unklar. Es besteht aber ein deutlicher Zusammenhang zwischen der antidepressiven Lichtwirkung und der inneren Uhr. Wenn die zeitliche Planung der Lichttherapie mit der Phasenlage der inneren Uhr abgestimmt wird, können Erfolgsraten von bis zu 80% bei der saisonal bedingten Depression erreicht werden. Es wird deshalb empfohlen, die Lichtbehandlung 8,5 Stunden nach dem sogenannten „Melatonin Onset" (Einsetzen der abendlichen Melatoninsekretion beim Menschen ca. zwischen 21 und 24 Uhr) durchzuführen. Daraus resultiert eine Vorverschiebung der Zirkadianrhythmik, welche signifikant mit der antidepressiven Lichtwirkung korreliert. Es stellt sich die Frage, ob die antidepressive Wirkung von Licht über die gleichen Photorezeptoren wie für die Zirkadianrhythmik vermittelt wird. Das ist insofern wichtig, als der neu entdeckte Melanopsin-Photorezeptor in den Ganglienzellen der inneren Netzhaut neben direkten neuronalen Verbindungen zu den suprachiasmatischen Kernen auch direkt Hirnregionen ansteuert, die für das Schlaf-Wach-Verhalten und für den Wachheitsgrad *per se* verantwortlich sind. Neben der zentralen Wirkung von Licht auf die

ABBILDUNG 7.8: Beständige Sonneneinstrahlung, wie sie hoch über allen Wolken im Weltraum herrscht, erscheint vielen Menschen wünschenswert. Aber wie würde sie auf Dauer auf die Psyche wirken?

oben genannten Hirngebiete zeigen neue Studien am Tier, dass Licht auch die Ausschüttung von Hormonen aus den Nebennieren anregt, die den Stoffwechsel und die Reaktion des Körpers auf Stress regulieren. Diese Hormone sind unter anderem wichtig für Reaktionen des Immunsystems auf Entzündungen oder die Steuerung des Tagesrhythmus verschiedener Organe. Wenn Läsionen (Verletzungen) in den suprachiasmatischen Kernen gesetzt wurden, übte die Belichtung keinen Effekt mehr auf die Nebennieren aus. Indem Licht die Freisetzung der Nebennierenhormone auslöst, können die Organe in ihrem Rhythmus auf den Hell-Dunkel-Zyklus der Umwelt abgestimmt werden. Damit lässt sich möglicherweise auch die positive Wirkung der Lichttherapie auf zirkadiane Rhythmusstörungen, wie sie bei Schichtarbeitern und bei Jetlag häufig vorkommen, erklären. Bei Schichtarbeit und Jetlag gibt es nämlich neben der äußeren Desynchronisation der „Hauptuhr" in den suprachiasmatischen Kernen mit dem äußeren Hell-Dunkel-Zyklus auch eine innere Desynchronisation zwischen der „Hauptuhr" und den „Nebenuhren" wie zum Beispiel jenen der Leber oder der Niere.

7.7 Bewusster Umgang mit Licht

Das Bewusstsein, dass Licht nicht nur für die Wahrnehmung der Umgebung nötig ist, nimmt stetig zu. Wie oben beschrieben, belegen Forschungsergebnisse aus der Chronobiologie die Rolle des Lichts als integra er Zeitgeber für die menschliche Physis und Psyche. Erste Anwendungen aus diesen Erkenntnissen finden den Weg schon in die Praxis. So berücksichtigen Lichtplaner und Architekten nicht nur den visuellen Komfort, sondern immer mehr die nicht-visuelle Wirkung des Lichts (Abb. 7.9). Als Vorbild dient die Natur – so auch für das sogenannte dynamische Licht. Ein großer Hersteller von Leuchtmitteln erklärt das dynamische Licht folgendermaßen: „Der Rhythmus von Tag und Nacht, der Wechsel der Jahreszeiten und das Wetter schaffen Lichtsituationen, die sich ständig verändern. Dynamisches Licht bringt den dynamischen Charakter des Lichts – mit seinen stufenlosen Veränderungen von Beleuchtungsniveau und Lichtfarbe – in den Innenraum. Mitarbeiter können so die Wirkung des natürlichen Lichtes genießen. Darüber hinaus kann das Licht an die eigenen Vorlieben, Bedürfnisse und Stimmungen angepasst werden. Auf diese Weise kann dynamisches Licht auf flexible Bürokonzepte und dynamische Arbeitsprozesse der modernen Wissensgesellschaft zugeschnitten werden." (nach [W.1]). Solche Ansätze sind zu begrüßen und lassen sich auch in öffentlichen Institutionen wie Schulen oder Altersheimen erfolgreich anwenden. Der derzeitige Aufschwung in der LED-Technologie wird die Gestaltung des Lichts bezüglich Wellenlängenkomposition, Stärke und vor allem auch Abstrahlungswinkel etc. revolutionieren und so den sinnvollen Konsum von Kunstlicht am Tage und das Vermeiden von störendem Kunstlicht in der Nacht optimieren.

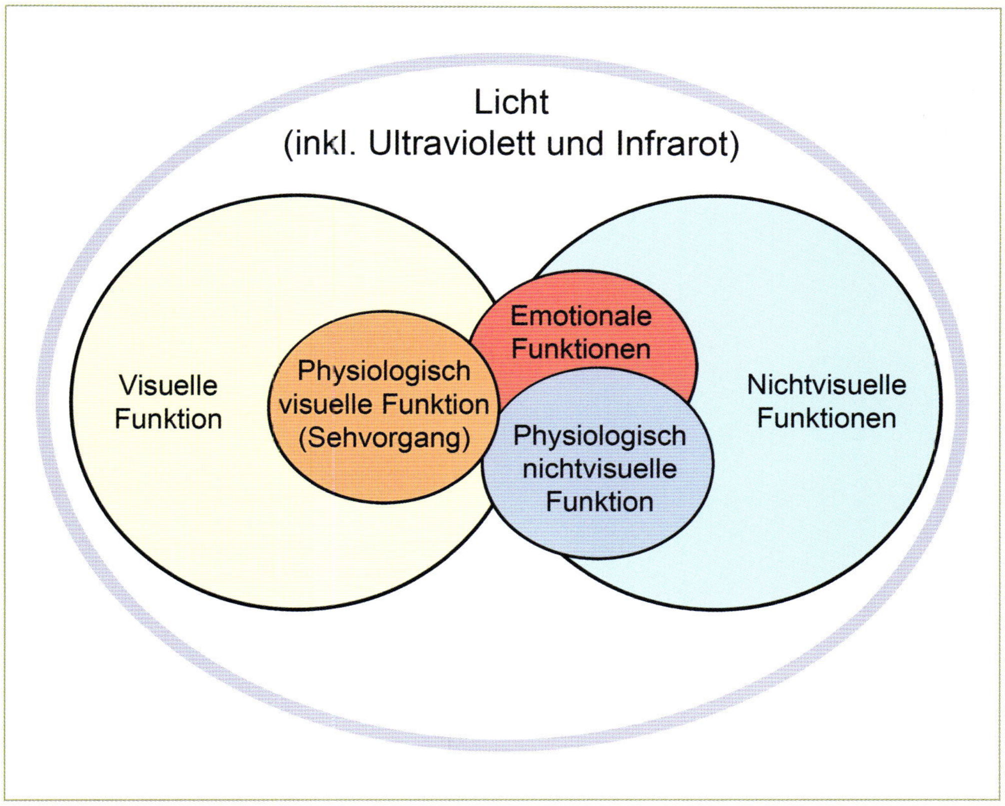

ABBILDUNG 7.9: Unterteilung der Funktionen des Lichts in visuelle und nichtvisuelle Hauptkomponenten.

Über Millionen von Jahren haben sich Mensch und Tier an den Wechsel von Tag und Nacht optimal angepasst – an ein Leben im Rhythmus der Erdrotation. Erst im vorigen Jahrhundert hat der Mensch seine Welt mit elektrischem Licht aus dem Gleichgewicht gebracht; in (biologisch gesehen) sehr kurzer Zeit musste er sich an völlig neue Lebensbedingungen gewöhnen.

Ergebnisse der Chronobiologie zeigen, dass der zirkadiane Rhythmus durch Kunstlicht aus dem Gleichgewicht geraten kann. Was im Falle der Schichtarbeit augenfällig ist – dass intensives Licht zur falschen Zeit zum Problem werden kann – gilt auf subtilere Weise auch für Menschen, deren Schlafzimmer unwillkürlich den überzogenen großstädtischen Beleuchtungsniveaus ausgesetzt sind. Unbedacht eingesetztes Kunstlicht ist einer von vielen potentiell gesundheitsgefährdenden Faktoren der modernen Zivilisation. Die Welt um und über uns wird immer heller. Unser Lebensraum ist kontaminiert – mit Licht. Man kann sich kaum entziehen.

Unser Ziel muss aber sein, auch in den bebauten urbanen Gegenden das kontaminierte Illuminationsmuster dem natürlichen Muster des Tag-Nacht-Zyklus wieder möglichst nahe zu bringen.

Zitierte Literatur:

[1] Moore R.Y., Eichler V.B., 1972, Loss of a circadian adrenal corticosterone rhythm following suprachiasmatic lesions in the rat. Brain Research 42, S. 201–216.

[2] Berson D.M., Dunn F.A., Takao M., 2002, Phototransduction by retinal ganglion cells that set the circadian clock. Science 295, S. 1070–1073.

[3] Lockley S.W., Brainard G.C., Czeisler C.A., 2003, High sensitivity of the human circadian melatonin rhythm to resetting by short wavelength light. J. Clin. Endocrinol. Metab. 88, S. 4502–4505.

[4] Cajochen C., Münch M., Kobialka S., et al., 2005, High sensitivity of human melatonin, alertness, thermoregulation and heart rate to short wavelength light. J. Clin. Endocrinol. Metab. 90, S. 1311–1316.

[5] Münch M., Kobialka S., Steiner R., Oelhafen P., Wirz-Justice A., Cajochen C., 2006, Wavelength-dependent effects of evening light exposure on sleep architecture and sleep EEG power density in men. Am. J. Physiol. 290, R1421–R1428.

[6] Schernhammer E.S., Berrino F., Krogh V., et al., 2008, Urinary 6-sulfatoxymelatonin levels and risk of breast cancer in postmenopausal women. J. Natl. Cancer Inst. 100, S. 898–905.

[7] Kloog I., Haim A., Stevens R.G., Barchana M., Portnov B.A., 2008, Light at night co-distributes with incident breast but not lung cancer in the female population of Israel. Chronobiol. Int. 25, S. 65–81

[8] Kloog I., Haim A., Stevens R.G., Portnov B.A., 2009, Global co-distribution of light at night (LAN) and cancers of prostate, colon, and lung in men. Chronobiol. Int. 26, S. 108–125.

[9] Benedetti F., Colombo C., Barbini B., et al., 2001, Morning sunlight reduces length of hospitalization in bipolar depression. J. Affect. Disord. 62, S. 221–223.

Internetquelle:

[W.1] www.dynamiclighting.philips.com

Stichwortverzeichnis

Autorenverzeichnis

Vorwort:

Anja Freyhoff und Thomas Uhlmann
Uhlmann & Freyhoff GbR
Olympische Straße 10a
14052 Berlin
Deutschland
Email: uhl.frey@t-online.de

Kapitel 1:

Dr. Thomas Posch
Institut für Astronomie der Universität Wien
Türkenschanzstraße 17
1180 Wien
Österreich
Email: thomas.posch@univie.ac.at

Kapitel 2:

Dr. Andreas Hänel
Planetarium Osnabrück
Am Schölerberg 8
49082 Osnabrück
Deutschland
Email: ahaenel@uos.de

Kapitel 3:

Prof. Dr. Gerhard Eisenbeis
Institut für Zoologie
Fachbereich Biologie
55099 Mainz
Deutschland
Email: geisenbe@uni-mainz.de

Kapitel 4:

Dr. Ommo Hüppop
Institut für Vogelforschung
„Vogelwarte Helgoland"
An der Vogelwarte 21
26386 Wilhelmshaven
Deutschland
Email: hueppop@vogelwarte-helgoland.de

Kapitel 5:

Dipl.-Biol. Christin Borgwardt
Max Planck Institut für Chemische Ökologie
Hans-Knoell-Strasse 8
07745 Jena
Deutschland
Email: cborgwardt@ice.mpg.de

Dr. Tony Tucker
Mote Marine Laboratory
1600 Ken Thompson Pkwy
Sarasota
FL 34236-1096
USA
Email: tucker@mote.org

Kapitel 6:

Dr. Kristin Tessmar
Dipl.-Biol. Juliane Zantke
Fachbereich Mikrobiologie, Immunbiologie und Genetik der Universität Wien
Max F. Perutz Laboratories
Dr.-Bohr-Gasse 9
1030 Wien
Österreich
Email: kristin.tessmar@mfpl.ac.at
juliane.zantke@mfpl.ac.at

Dipl.-Biol. Tobias Kaiser
Max Planck Institut für Chemische Ökologie
Hans-Knoell-Strasse 8
07745 Jena
Deutschland
Email: tkaiser@ice.mpg.de

Kapitel 7:

Prof. Dr. Christian Cajochen
Zentrum für Chronobiologie
Psychiatrische Universitätsklinik
Wilhelm Kleinstraße 27
4025 Basel
Schweiz
Email: christian.cajochen@unibas.ch

Bildquellenverzeichnis

Vorsatz: Craig Mayhew und Robert Simmon, NASA GSFC

Vorwort S. 1 oben: Andreas Hänel

Vorwort S. 1 unten: Franz Kerschbaum, Universität Wien

Vorwort S. 2 oben: Aus dem Film: Die dunkle Seite des Lichts/The Dark Side of Light

Vorwort S. 2 unten: Aus dem Film: Die dunkle Seite des Lichts/The Dark Side of Light

Vorwort S. 3: NASA Visible Earth Team (http://visibleearth.nasa.gov)

Abb. 1.1: SOHO-Satellit, NASA/ESA

Abb. 1.2: Walter Nowotny, Universität Wien

Abb. 1.3: Thomas Posch

Abb. 1.4: Erik Krambeck

Abb. 1.5: Anja Freyhoff

Abb. 1.6-1.7: Walter Nowotny, Universität Wien

Abb. 1.8: Walter Nowotny, Universität Wien, nach Daten von Pierantonio Cinzano

Abb. 1.9–1.12: http://www.lightpollution.it/ © 2001 P. Cinzano, F. Falchi, C.D. Elvidge

Abb. 1.13: Wally Pacholka/Astro-Pics.com

Abb. 1.14: Georg Zotti, Universität Wien, in Kooperation mit dem Verein Kuffner-Sternwarte

Abb. 2.1: © 2001 P. Cinzano, F. Falchi, C.D. Elvidge

Abb. 2.2–2.4: Andreas Hänel

Abb. 2.5: © 2001 P. Cinzano, F. Falchi, C.D. Elvidge

Abb. 2.6–2.8: Andreas Hänel

Abb. 2.9: Cree XLamp XR-C LED Data Sheet

Abb. 2.10–2.12: Andreas Hänel

Abb. 3.1: Isolde Müller, Universität Wien, nach einer Vorlage von Gerhard Eisenbeis

Abb. 3.2a-b: Gerhard Eisenbeis

Abb. 3.3a: Raymond Funke, CH-3600 Thun

Abb. 3.3b, Abb. 3.4: Gerhard Eisenbeis

Abb. 3.5: Walter Nowotny, Universität Wien

Abb. 3.6: Gerhard Eisenbeis

Abb. 3.7: Ute und Uli Grün, Seligenstadt am Main

Abb. 3.8: Aus dem Film: Die dunkle Seite des Lichts/ The Dark Side of Light

Abb. 3.9: Gerhard Eisenbeis

Abb. 3.10 a-b: Andreas Hänel

Abb. 3.11: Bruno und Heike Blättler, Düsseldorf

Abb. 3.12: Gerhard Eisenbeis

Abb. 4.1: Institut für Vogelforschung

Abb. 4.2: Erik Krambeck

Abb. 4.3–4.4: Institut für Vogelforschung

Abb. 4.5: Heiko Haupt

Abb. 4.6: Institut für Vogelforschung

Abb. 4.7: Beneharo Rodriguez

Abb. 4.8: Aus dem Film: Die dunkle Seite des Lichts/ The Dark Side of Light

Abb. 4.9: Institut für Vogelforschung

Abb. 5.1: Aus dem Film: Die dunkle Seite des Lichts/ The Dark Side of Light

Abb. 5.2–5.4: Florida Fish and Wildlife Conservation Commission, Marine Turtle Lighting Workshop

Abb. 5.5–5.6: Aus dem Film: Die dunkle Seite des Lichts/The Dark Side of Light

Abb. 5.7: Deborah Fauquier, Mote Marine Laboratory

Abb. 5.8: Florida Fish and Wildlife Conservation Commission

Abb. 5.9: Aus dem Film: Die dunkle Seite des Lichts/ The Dark Side of Light

Abb. 5.10: Tony Tucker, Mote Marine Laboratory (oben und Mitte); aus dem Film: Die dunkle Seite des Lichts/The Dark Side of Light (unten)

Abb. 6.1: Claudia Lohs und Enrique Arboleda

Abb. 6.2 (a) Kristin Tessmar-Raible, (b) Juliane Zantke, (c) Florian Raible

Abb. 6.3 a-c: Kristin Tessmar-Raible

Abb. 6.4–6.5: Tobias Kaiser

Abb. 6.6–6.9: Tobias Kaiser nach Vorlagen von Dietrich Neumann

Abb. 7.1: Aus dem Film: Die dunkle Seite des Lichts/ The Dark Side of Light

Abb. 7.2–7.3: Christian Cajochen

Abb. 7.4–7.6: Aus dem Film: Die dunkle Seite des Lichts/The Dark Side of Light

Abb. 7.7: Isolde Müller, Universität Wien, nach einer Vorlage von Christian Cajochen

Abb. 7.8: NASA

Abb. 7.9: Christian Cajochen

Nachsatz: Thomas Posch